Kurt Hain

Getriebetechnik
Kinematik für AOS- und UPN-Rechner

Anwendung programmierbarer Taschenrechner

Band 1 Angewandte Mathematik – Finanzmathematik – Statistik – Informatik für UPN-Rechner, von H. Alt

Band 2 Allgemeine Elektrotechnik – Nachrichtentechnik – Impulstechnik für UPN-Rechner, von H. Alt

Band 3/I Mathematische Routinen der Physik, Chemie und Technik für AOS-Rechner, Teil I, von P. Kahlig

Band 3/II Mathematische Routinen für Physik, Chemie und Technik für AOS-Rechner Teil II, von P. Kahlig

Band 4 Statik – Kinematik – Kinetik für AOS-Rechner, von H. Nahrstedt

Band 5 Numerische Mathematik. Programme für den TI-59, von J. Kahmann

Band 6 Elektrische Energietechnik – Steuerungstechnik – Elektrizitätswirtschaft für UPN-Rechner, von H. Alt

Band 7 Festigkeitslehre für AOS-Rechner (TI-59), von H. Nahrstedt

Band 8 Graphische Darstellung mit dem Taschenrechner (AOS), von P. Kahlig

Band 9 Maschinenelemente für AOS-Rechner, Teil I: Grundlagen, Verbindungselemente, Rotationselemente, von H. Nahrstedt

Band 10 Getriebetechnik – Kinematik für AOS- und UPN-Rechner (TI-59 und HP 97), von K. Hain

Band 11 Indirektes Programmieren und Programmorganisation, von A. Tölke

Anwendung programmierbarer Taschenrechner

Band 10

Kurt Hain

Getriebetechnik Kinematik für AOS- und UPN-Rechner

Mit 11 vollständigen Programmen, 28 Abbildungen und 66 Tabellen

Springer Fachmedien Wiesbaden GmbH

CIP-Kurztitelaufnahme der Deutschen Bibliothek

Hain, Kurt:
Getriebetechnik Kinematik für AOS- und UPN-
Rechner/Kurt Hain. – Braunschweig; Wiesbaden:
Vieweg, 1981.
Anwendung programmierbarer Taschen-
rechner; Bd. 10)
ISBN 978-3-528-04193-9 ISBN 978-3-322-88845-7 (eBook)
DOI 10.1007/978-3-322-88845-7

NE: GT

Ursprünglich erschienen bei Friedr. Vieweg & Sohn Verlagsgesellschaft mbH, Braunschweig 1981

ISBN 978-3-528-04193-9

Vorwort

Die Bedeutung der Getriebelehre für die moderne Technik ist unumstritten. Im Bereich der ungleichmäßig übersetzenden Getriebe war allerdings immer eine Lücke zwischen den theoretischen Erkenntnissen und der konstruktiven Anwendung zu vermerken. Diese Lücke kann durch den Einsatz programmierbarer Rechner verringert werden, da umfassende theoretische Erkenntnisse nicht mehr unbedingt vorausgesetzt zu werden brauchen. Die beiden Kleinrechner HP 97 (Hewlett Packard) und TI-59 (Texas-Instruments) können mit ihren Druckern trotz ihrer gegenüber Großrechnern geringen Kapazität recht wirkungsvoll für die beiden Grund-Getriebetypen, Gelenkgetriebe und Kurvengetriebe, mit ihren unterschiedlichen Rechensystemen (UPN und AOS) eingesetzt werden. Für beide Rechner werden Bedienungsanleitungen und Programm-Auflistungen zur Verfügung gestellt. Die HP 97-Programme können sogar vom Benutzer ohne große Programmier-Erfahrungen in kurzer Zeit in den Rechner HP 41C (HP 41CV) mit seiner wesentlich größeren Kapazität eingegeben werden, wobei hier die Bedienungsanleitungen und die Zahlenbeispiele eine wirksame Kontrollhilfe darstellen.

In einem zweiten Band (H. Kerle, Getriebetechnik II – Dynamik) stehen dann Programme für die Ermittlung von Kräften in Gelenk- und Kurvengetrieben bereit. Die Kenntnis der Belastungen der Getriebeglieder durch Nutz- und Massenkräfte führt zu einer praxisgerechten Konstruktion. Mit den zu den beiden Bänden entwickelten Programmen erhält der Konstrukteur somit wirksame Beurteilungshilfen für die Auslegung seiner Getriebe.

Dem Verlag und insbesondere den Herren H. J. Niclas, M. Langfeld und E. Schmitt gilt der Dank des Verfassers für die Herausgabe dieses die Getriebe-Konstruktionen unterstützenden Bandes.

Braunschweig, im Mai 1981 *K. Hain*

Inhaltsverzeichnis

1 Einleitung

1.1 Die Methoden für Getriebeuntersuchungen

Bei der Schaffung der wissenschaftlichen Grundlagen für die Getriebelehre als Teilgebiet der Mechanik gab es noch keine Diskussion darüber, welche Verfahren hierbei am sinnvollsten anzuwenden wären. Man mußte aber frühzeitig einsehen, daß mit numerischer Mathematik kaum das Ziel, Getriebe für höhere Ansprüche mit geschlossenen Gleichungen „berechnen" zu können, zu erreichen ist. Deshalb mußte man der Meinung sein, daß Getriebekonstruktionen nur mit zeichnerischen Methoden, der „Sprache" des Ingenieurs, durchgeführt werden können.
Für die Konstrukteure aller Maschinen mit ungleichförmig übersetzenden Getrieben hat die Entwicklung der programmierbaren Rechner neue, ungeahnte Maßstäbe gesetzt. Dem Konstrukteur, der sich noch mit anderen als nur getriebetechnischen Problemen zu befassen hat, war es immer eine große Hürde, sich die meist schwierigen getriebetechnischen Verfahren so zu eigen zu machen, daß er sie auch mit bestem Wirkungsgrad nutzen konnte. Hinzu kamen z.T. beachtliche Fortschritte der Getriebeforschung, mit denen Schritt zu halten wiederum ein starkes Engagement erforderte. So blieb am Ende vielfach nur der Ausweg, es weiterhin mit dem oft sehr guten Einfühlungsvermögen der Konstrukteure ohne hohe Theorie zu versuchen und gegebenenfalls bei besonders schwierigen Fragestellungen die Getriebe-Institute um Rat anzugehen.
Die Vorzüge der elektronischen Datenverarbeitungsanlagen liegen aber nicht nur in der Erstellung genauer Ergebnisse, sondern vielmehr in der problemlosen Darstellung, wenn das fertige Programm einfach übernommen werden kann. Eine wichtige Rolle kann hier der programmierbare Tischrechner spielen, weil er bei geringem Anschaffungspreis in den Konstruktionsbüros jederzeit griffbereit ist. Er, wie jeder andere programmierbare Rechner auch, ist in der Lage, beliebig viele Gleichungen nacheinander mit entsprechenden Zwischenspeichern mühelos bis zum Endergebnis zu verarbeiten. Deshalb soll die „Zeichnungsfolge – Rechenmethode" empfohlen werden, die diese Fähigkeiten zugrunde legt, um mit dem Zeichenvorgang in allen Einzelheiten parallel zu gehen. Hier können im allgemeinen die einfachen, jedem Konstrukteur geläufigen, trigonometrischen Gleichungen benutzt werden. Diese Methode hat den großen Vorzug, daß man mit der Zeichnung zusätzliche Zwischenergebnisse kennt und somit die Fehlersuche beim Programmieren und das Programmtesten zielsicher und kurzzeitig erledigen kann.

Die „Zeichnungsfolge – Rechenmethode" sollte aber dem Konstrukteur die Möglichkeit des Dialoges mit dem Rechner unmittelbar eröffnen. Dieser Dialog besteht beispielsweise in der Abfrage, welche Einflüsse verschiedene Konstruktions-Eingangswerte auf die Getriebe-Hauptabmessungen haben. Außerdem richtet sich dieser Vorschlag sowohl an diejenigen Getriebe-Konstrukteure, denen das Einarbeiten in getriebetechnischen Probleme geläufig ist, als auch an jene zeitarmen Konstrukteure, denen wegen anderer Belastungen immer die Übernahme eines fertigen Programmes willkommen ist.

Die Kompromisse, die beim Entwurf ungleichförmig übersetzender Getriebe einzugehen sind, rühren von der Eigenart dieser Getriebe her, periodisch sich wiederholende Bewegungen mit veränderlichem Übersetzungsverhältnis zu erzeugen. Bei der Annahme eines gleichförmig umlaufenden Antriebsglieds bedeutet dies das Laufen anderer Glieder mit sich stetig ändernder Geschwindigkeit z.B. zwischen einem Maximal- und einem Minimalwert oder auch zwischen Grenz- und Rastlagen mit Nullwerten der Geschwindigkeit.

Solche Getriebe haben im allgemeinen einen umso höheren Gebrauchswert, je ungleichförmiger sie laufen, dann wächst aber auch die Gefahr des Klemmens und des Ansteigens der Bewegungen auf unzulässig große Beschleunigungen, die nicht unbedingt für das verlangte Bewegungsgesetz hingenommen werden müssen. Der höhere Gebrauchswert kann im allgemeinen durch einen großen Schwingwinkel an einem Abtriebsglied, durch möglichst lange Rasten des Abtriebsgliedes bei weiterlaufendem Antriebsglied oder auch durch möglichst lange Bewegung mit konstanter Abtriebsgeschwindigkeit mit nachfolgend kurzer Rückbewegung gekennzeichnet werden. Andere wichtige Forderungen bestehen in der Erzeugung von Bahnkurven bestimmter Form.

In einfachen Getrieben kann die Übertragungsgüte, mit Hilfe des sogenannten Übertragungswinkels nach Maß und Zahl gekennzeichnet, verschiedener Getriebe hinsichtlich der Güte der Bewegungsübertragung miteinander verglichen werden. Es ist schon darauf hingewiesen worden, daß die Benutzung des Übertragungswinkels als alleinigen und verbindlichen Kennwert mit manchen Unsicherheiten verbunden ist, es ist aber noch nicht gelungen, die durch ihn gegebenen Vergleichsmöglichkeiten durch ebenso einfache Mittel zu erreichen bzw. zu übertreffen. Bei zusammengesetzten Getrieben sind je nach der Gliederzahl mehrere Übertragungswinkel an verschiedenen Stellen zu berücksichtigen. Um die mehrgliedrigen Getriebe mit höherem Nutzen anwenden zu können, wird es notwendig sein, die Lage der Übertragungswinkel festzulegen und in manchen Fällen grundsätzliche Betrachtungen anzustellen, wie weit die Übertragungsgüte überhaupt ausgedrückt werden kann.

Im allgemeinen ist der Übergang von den einfachen Grundgetrieben zu den zusammengesetzten Getrieben unbedingt mit einer Verbesserung der Laufeigenschaften, mit einer Erhöhung der Genauigkeit und u.U. sogar mit einer Verminderung des Platzbedarfes sowie mit weiteren Vorzügen verbunden. Der höhere Aufwand kann somit gegebenenfalls bei entsprechenden Kostenvergleichen als lohnend bezeichnet werden. Damit entsteht eines der wichtigsten kinematischen Probleme, nämlich die Entscheidung fällen zu müssen, für höhere Ansprüche entweder einen höheren Aufwand in Kauf zu nehmen oder zugunsten geringer Kosten auf bestimmte Vorzüge zu verzichten.

1.2 Der Computer-Einsatz für Getriebe-Untersuchungen

Die Groß-EDV-Anlagen waren von Anfang an für getriebetechnische Probleme ein wichtiges zukunftsträchtiges Werkzeug, und so wurde hier beachtliche Entwicklungsarbeit geleistet. Allerdings war es außerordentlich schwierig, den Konstrukteuren den Weg über die „Black-Box" anzubieten, ihm einen Teil seiner Arbeit abnehmen zu wollen, über den er keine Übersicht erhalten konnte. Die noch notwendige Trennung von Konstrukteur und EDV-Programmierer für die gleiche Aufgabe war ein nicht wegzuleugnendes Hindernis zur Weiterführung der rechnergestützten Getriebekonstruktion.

Eine wichtige Hilfe können nun hier die programmierbaren Kleinrechner werden, die so preiswert sind, daß sie jedem Konstrukteur an seinem Arbeitsplatz zu jeder Zeit griffbereit zur Verfügung stehen. Sie haben zwar bei weitem nicht die große Kapazität der Mittel- und Großrechner, sie arbeiten auch verhältnismäßig langsam, aber die früher erforderliche graphische und zeitaufwendige Ermittlung der Getriebedaten zur Beurteilung der Bewegungseigenschaften ist weggefallen.

Der bedeutendste Fortschritt besteht in der Möglichkeit des unmittelbaren Dialoges zwischen Rechner und Konstrukteur, nämlich im wiederholten Abfragen nach Zwischenergebnissen, wenn am Zeichenbrett neue Varianten entstanden sind. In kurzer Zeit und mit dem Aufwand nur einiger Zahlenwert-Eingaben und Knöpfedrückens sind Lösungsfelder absteckbar, deren Grenzen mit Berücksichtigung aller Einflußgrößen variiert werden können.

Um zu einer durchgreifenden Entlastung des Konstrukteurs zu kommen, sollte versucht werden, ihm von der Getriebetheorie nur noch so viel zu vermitteln, wie er zur konstruktiven Gestaltung und zur Übersicht über die sich ihm bietenden Möglichkeiten braucht. Es wird gut sein, hier noch einige Überlappungen vorzusehen, schon um falsche Schlußfolgerungen aus den Rechenergebnissen zu vermeiden. In diesem Sinne sind noch mancherlei Überlegungen und vielseitige Diskussionen erforderlich.

Von ebenso großer Bedeutung ist der Umgang mit dem Rechner. Kann sich der Konstrukteur, vor allem der in langjähriger Erfahrung mit den Spezialkenntnissen seines Fachgebietes ausgerichtete Fachmann, mit dem Rechner, einem Gerät, dessen Innenleben er nicht übersehen kann, vertraut machen? Es geht hier gar nicht so sehr um die Arbeitsweise der Elektronenrechner im allgemeinen, sondern vielmehr um das Programm, die Umsetzung einer Getriebeaufgabe in festgelegte, von der Magnetkarte beliebig oft abrufbare Befehlsfolgen, die entweder nur richtig oder z.B. bei fehlerhaften Eingaben mit der Angabe der Fehlerstelle überhaupt nicht nachvollzogen werden.

Und hier muß eine wichtige Unterstützung gegeben werden, nämlich das genaue Befolgen von Rezepten und das Vertrautsein mit danach auszuführenden Bedienfolgen. Solche Rezepte erhält der Konstrukteur in aufbereiteter Form mit den zugehörigen Programmstreifen. Im Wesen des Kleinrechners liegt es allerdings, und das zeigt schon die Bildung von Vereinen mit intensiv arbeitenden Austauschgruppen, daß das Programmieren, weil es ja schnell erlernbar ist und reizvolle Anregungen gibt, zum beliebten Intelligenzspiel werden kann. In manchen Fällen, und dies hat sich schon bei der Einführung der Großrechner gezeigt, kann dann das Programmieren Hauptsache werden, und das Anwendungsgebiet wird nicht mehr zum Nutzen des Konstruktionszieles auf das Nebengeleis geschoben.

Bei zweckentsprechender Dosierung bleibt nun der Anreiz, die vielfältigen Probleme bei Getriebekonstruktionen mit Rechnerhilfe gründlicher als bisher oder überhaupt erst neu beginnend zu beleuchten.

Die Kapazität der bekannten Kleinrechner ist zur Berechnung der viergliedrigen Getriebe ausreichend, wenn z.B. deren Übertragungsfunktionen und die damit bestimmbaren Geschwindigkeiten und Beschleunigungen zu berechnen sind. Es ist sogar möglich, die entsprechenden Extremwerte, also z.B. die Maximal-Beschleunigungen durch iterative Maßnahmen automatisch zu erfassen.

Die Koppelkurven des Gelenkvierecks lassen sich bis zu den Krümmungen genau darstellen, die Geschwindigkeiten und Beschleunigungen des Koppelpunktes auf seiner Bahnkurve ergeben sich mit nahezu dem gleichen Aufwand. Die Berechnungen der vielverwendeten sechsgliedrigen Gelenkgetriebe müssen bei den gleichen Aufgabenstellungen zu einem wesentlich höheren Aufwand führen, es läßt sich aber zeigen, daß es schon genügt, lediglich die Lageänderungen, also die Übertragungsfunktion nullter Ordnung allein, zugrunde zu legen und mit der Differenzenrechnung zu den Übertragungsfunktionen höherer Ordnung überzugehen, wenn jeweils mehrere Getriebestellungen so eng benachbart in Rechnung gesetzt werden, daß Abweichungen vom genauen Ergebnis (das aus größeren Programmen zur Verfügung steht) erst in der dritten und vierten Stelle auftreten. Und dann ist unter diesen Voraussetzungen auch die Kapazität des Kleinrechners wieder ausreichend!

Nachdem es gelungen ist, in modernen Werkzeugmaschinen Kurvenprofile wirtschaftlich bei hohen Genauigkeiten herzustellen, haben die Kurvengetriebe wesentlich an Bedeutung gewonnen. Und für Kurvengetriebe sind auch die ersten Groß-Rechenprogramme entstanden, die von der Industrie mit gutem Erfolg eingesetzt werden konnten. Die Kleinrechner genügen aber auch hier mit ihrer Kapazität der Forderung nach genauer Maßberechnung, und zwar nicht nur der Berechnung der Profilpunkte allein, sondern auch der Profil-Tangenten und -Krümmungen. Mit der Kenntnis der Profil-Tangente bzw. -Normalen entfallen alle Schwierigkeiten, die abstandsgleiche (äquidistante) Kurve zur Rollen-Mittelpunktsbahn mit Berücksichtigung des Rollenhalbmessers festzulegen; denn der Eingriffspunkt muß immer auf der Normalen liegen! Deshalb bereitet die genaue Darstellung des Kurvenprofiles auch keinerlei Schwierigkeiten, wenn das Profil mit einem Fräser hergestellt wird, der einen anderen Durchmesser als die Eingriffsrolle hat, es braucht dann nur die Differenz beider Radien in Rechnung gestellt zu werden.

Für jedes von einem Kurvengetriebe geforderte Bewegungsgesetz gibt es innerhalb eines durch den kleinst zulässigen Übertragungswinkel begrenztes Lösungsfeld, und in diesem Bereich können nun weitere Zusatzbedingungen, wie z.B. kleinste Kontaktkraft, geringer Platzbedarf oder auch günstigste Kleinst-Krümmungsradien erfüllt bzw. miteinander durch Kompromiß-Überlegungen in Einklang gebracht werden. Innerhalb eines solchen Lösungsfeldes werden die „Hauptabmessungen" des Kurvengetriebes, das sind Anfangslage des Abtriebsgliedes und Länge des Rollenhebels, mit einfachen Teilprogrammen festgelegt. Hier ist der Hinweis wichtig, daß die an der Kurvenscheibe zu messenden Winkel für die Übergangsbewegungen im allgemeinen nicht mit den für die Übergangsbewegungen erforderlichen Kurvenscheibendrehwinkeln identisch sind. Dies zu berechnen ist wiederum eine einfache Aufgabe, bei deren Lösung gleichzeitig Größt- und Kleinstradius der Kurvenscheiben als Nebenprodukte anfallen.

Die Merkmale der zur Zeit auf dem Markt befindlichen Kleinrechner liegen in der begrenzten Kapazität der programmierbaren Rechenschritte und in der ebenfalls begrenzten Zahl der Speicherplätze. Die letzteren werden zweckmäßigerweise so oft wie möglich während des Rechenganges mehrfach belegt, einige werden aber als Dauerspeicher z.B. für die festzuhaltenden Eingangswerte und für die Zwischenergebnisse gebraucht, die mehrere Male abzurufen sind. Das Rechenprogramm wird auf Programmkarten festgehalten, und diese Karten können nacheinander mit jeweils aufeinander abgestimmter Rechenfolge eingelesen werden, ohne daß hierbei die gespeicherten Zwischenergebnisse beeinflußt werden. Auf diese Weise lassen sich verhältnismäßig lange Programme mit zwischenzeitlicher manueller Karteneinlesung ausführen. Es ist auf diese Weise z.B. ohne weiteres möglich, kombinierte Getriebetypen, wie Kurven-Kurbelgetriebe mit entsprechenden Teil-Programmen für alle geforderten Einzelheiten zu berechnen.

Die Programmkarten lassen sich schnell einlesen, sie nehmen wenig Platz in Anspruch, so daß mit gutem Erfolg eine ausreichende Programm-Bibliothek für verschiedenartige Aufgabenstellungen aufgebaut werden kann.

1.3 Vergleich zweier programmierbarer Kleinrechner

Augenblicklich gibt es zwei nahezu gleichwertige, programmierbare Kleinrechner auf dem Markt, den HP 97 (Hewlett-Packard) und den TI-59 (Texas-Instrum.). Für den HP 97 mit Drucker gibt es den Rechner HP 67 für dieselben Programme ohne Drucker, den TI-59 kann man allein ohne Druckmöglichkeit oder in Verbindung mit einem Drucker verwenden.

Der HP 97 arbeitet nach dem UPN-Prinzip (Umgekehrte Polnische Notation) mit einer symbolischen, klammerfreien Schreibweise für logische Aussagen [1.1]. Dem Rechner TI-59 liegt das AOS-System (Algebraisches-Operations-System) mit dem hierarchischen Aufbau der Rechnungen mit Beachtung der bekannten algebraischen Regeln [1.2] zugrunde. Mit dem Drucker des HP 97 lassen sich nur Ziffern ausdrucken, mit dem Drucker des TI-59 jedoch zusätzlich alphanumerischer Text. Auf die Programmier-Unterschiede beider Rechner braucht hier nicht näher eingegangen zu werden, die Grundkenntnisse werden in Büchern und Bedienungsanleitungen weitgehend vermittelt.

Für getriebetechnische Probleme mit Benutzung der „Zeichnungsfolge-Rechenmethode" haben beide Rechner neben anderen die fest verdrahteten Funktionen „R" und „P", mit deren Hilfe durch einfache Tastendrücke rechtwinklige in polare Koordinaten und umgekehrt umgerechnet

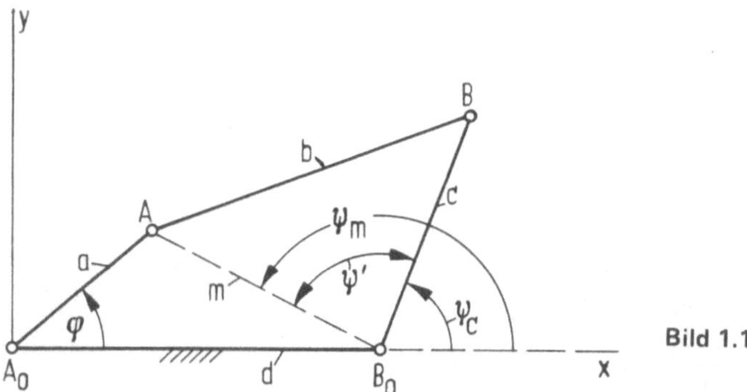

Bild 1.1

werden können. Damit lassen sich in einfachster Weise zeichnerische Methoden unmittelbar rechnerisch nachvollziehen, wodurch die in der Getriebelehre in jeder Beziehung bewährten graphischen Methoden ohne grundlegende Änderungen verwendet werden können.

Am Beispiel nullter Übertragungsfunktion des Gelenkvierecks (Lagenbeziehungen), Bild 1.1, soll der Vergleich zwischen beiden Rechnern herausgestellt werden.

Die Abmessungen des Gelenkvierecks sind durch die 4-Längenmaße a, b, c, d, die augenblickliche Lage durch den Kurbelwinkel φ und der „Bewegungsbereich" durch den Wert $s = \pm 1$ insofern festgelegt, als $s = +1$ bedeutet, daß der Zweischlag $b - c$ im Uhrzeigersinne zur Diagonalen $m = AB_0$ liegt, also $\psi_m > \psi_c$, andernfalls ist $s = -1$. Die Übertragungsfunktion nullter Ordnung beinhaltet die Berechnung des Abtriebswinkels ψ_c, wenn der Antriebswinkel φ, beide auf das Achsenkreuz mit A_0 als Nullpunkt und d als Abszisse bezogen, gegeben ist. Die Eingangswerte werden zweckmäßig mit Festspeichern belegt, etwa nach dem Schema und den Beispielwerten entsprechend Tafel 1.1.

Bei der Benutzung der R- und P-Tasten (Unterprogramme) sind bei den beiden Rechner in umgekehrter Reihenfolge der Eingabe- und Ausgabewerte zu berücksichtigen, deshalb sollen die Rechnungsgänge zum Vergleich nebeneinander aufgeführt werden.

Tafel 1.2 zeigt den Rechnungsgang für HP 97 mit den Bezeichnungen des Bildes 1.1. Nach (1a) und (1b) werden die Polarkoordinaten des Gelenkpunktes A in dessen rechtwinklige Koordinaten x_A und y_A mit der Taste R berechnet. Sie brauchen aber gar nicht gespeichert zu werden, sondern können nach (2a) und (2b) sofort mit der Taste P weiterverarbeitet werden, wenn nunmehr B_0 durch $(x_A - d)$ als Bezugspunkt für die Polarkoordinate m und ψ_m des Punktes A gilt. Mit diesen beiden Werten läßt sich nun mit dem „programmplatzaufwendigen" Cosinus-Satz nach (3a) und (3b) der Winkel ψ_c als Zielwert berechnen.

Für den Rechner TI-59 gilt die Tafel 1.3 mit den Ein- und Ausgabewerten in umgekehrter Reihenfolge wie bei HP 97. In Tafel 1.4 sind die Ergebniswerte in der Reihenfolge m, ψ_m und ψ_c ausgedruckt, sie müssen selbstverständlich trotz unterschiedlicher Rechensysteme genau übereinstimmen. Tafel 1.5 zeigt den Programm-Ausdruck der beiden Rechner. Für HP 97 werden für das Beispielprogramm 34 Programmschritte, für TI-59 aber 91 Programmschritte gebraucht. Dieser Unterschied kommt dadurch zustande, daß bei HP 97 zum Speichern und Abrufen von Zwischenwerten nur eine Programmzeile, bei TI-59 aber deren zwei erforderlich sind.

Tafel 1.1: Eingangswerte für Vergleichs-Rechenbeispiel der beiden Rechner HP 97 und TI-59

Getriebe-Maße	Speicher		Beispielwert
	HP 97	TI-59	
φ	R_1	R_{01}	40
a	R_2	R_{02}	30
b	R_3	R_{03}	55
c	R_4	R_{04}	40
d	R_5	R_{05}	60
s	R_6	R_{06}	+ 1

Tafel 1.2: Rechnungsgang für Gelenkviereck-Übertragungsfunktion für den Rechner HP 97

Label B	
φ Enter a: $R \rightarrow x_A \gtrless y_A$	(1a)
R_1 Enter R_2: $R \rightarrow [\,] \gtrless [\,]$	(1b)
$y_A \gtrless (x_A - d)$: $P \rightarrow m \gtrless \psi_m$	(2a)
$[\,] \gtrless ([\,] - R_5)$: $P \rightarrow$ Sto 7 $\gtrless$ Sto 8	(2b)
$-\arccos \dfrac{m^2 + c^2 - b^2}{2mc} \cdot s + \psi_m = \psi_c$	(3a)
$-\arccos \dfrac{R_7^2 + R_4^2 - R_3^2}{2 \cdot R_7 \cdot R_4} \cdot R_6 + R_8 =$	(3b)
RTN	

Tafel 1.3: Rechenfolge des Gelenkvierecks für den Rechner TI-59

Label B	
$a \gtrless \varphi$: $^*PR \rightarrow y_A \gtrless x_A$	(4a)
$R_{02} \gtrless R_{01}$: $^*PR \rightarrow [\ ] \gtrless [\ ]$	(4b)
$(x_A - d) \gtrless y_A$: $INV^*PR \rightarrow \psi_m \gtrless m$	(5a)
$([\ ] - R_{05}) \gtrless [\ ]$: $INV^*PR \rightarrow$ Sto 08 $\gtrless$ Sto 07	(5b)
$-\arccos \dfrac{m^2 + c^2 - b^2}{2mc} \cdot s + \psi_m =$	(6a)
$-\arccos \dfrac{R_{07}^2 + R_{04}^2 - R_{03}^2}{2 \cdot R_{07} \cdot R_{04}} \cdot R_{06} + R_{08} =$	(6b)
R/S	

Tafel 1.4: Ergebniswerte für Gelenkviereck

HP 97

```
41.74014860  ***
152.4842565  ***
67.93583272  ***
```

TI-59

41.7401486	m
152.4842565	ψ_m
67.93583272	ψ_c

Tafel 1.5: Programm-Abläufe der Gelenkviereck-Berechnung

HP 97

001	*LBLB
002	RCL2
003	ENT↑
004	RCL1
005	→R
006	X⇄Y
007	X⇄Y
008	RCL5
009	-
010	→P
011	STO7
012	X⇄Y
013	STO8
014	RCL7
015	X²
016	RCL4
017	X²
018	+
019	RCL3
020	X²
021	-
022	2
023	÷
024	RCL7
025	÷
026	RCL4
027	÷
028	COS⁻¹
029	CHS
030	RCL6
031	×
032	RCL8
033	+
034	RTN
035	R/S

TI-59

000	76	LBL
001	12	B
002	43	RCL
003	02	02
004	32	X:T
005	43	RCL
006	01	01
007	37	P/R
008	32	X:T
009	75	-
010	43	RCL
011	05	05
012	95	=
013	32	X:T
014	22	INV
015	37	P/R
016	42	STO
017	08	08
018	32	X:T
019	42	STO
020	07	07
021	33	X²
022	85	+
023	43	RCL
024	04	04
025	33	X²
026	75	-
027	43	RCL
028	03	03
029	33	X²
030	95	=
031	55	÷
032	02	2
033	55	÷
034	43	RCL
035	07	07
036	55	÷
037	43	RCL
038	04	04
039	95	=
040	22	INV
041	39	COS
042	94	+/-
043	65	×
044	43	RCL
045	06	06
046	85	+
047	43	RCL
048	08	08
049	95	=
050	91	R/S

Dieser Vergleich ist aber keineswegs in anderen Richtungen gültig; denn die Rechenkapazität des TI-59 ist wesentlich größer als die des HP 97. Da beide Rechner im Endvergleich als nahezu gleichwertig betrachtet werden können, sollen im folgenden die Getriebeprogramme für beide gleichermaßen zusammengestellt und aufgelistet werden. Dem Benutzer werden beim Studium und beim Gebrauch mannigfaltige Vergleichsmöglichkeiten zur Verfügung gestellt.

1.4 Schrifttum Kleinrechner

[1.1] *Alt, H.,* Anwendung programmierbarer Taschenrechner 1. Angewandte Mathematik, Finanzmathematik, Statistik für UPN-Rechner, Braunschweig 1979, Verlag Friedr. Vieweg & Sohn.

[1.2] *Gloistehn, H. H.,* Programmieren von Taschenrechnern 3. Lehr- und Übungsbuch für den TI-58 und TI-59, 2., verbesserte Auflage, Braunschweig/Wiesbaden 1978, Verlag Friedr. Vieweg & Sohn.

2 Der Kleinrechner als Arbeitshilfe beim Entwurf von Gelenkgetrieben

2.1 Einleitung

Gelenkgetriebe, auch als Kurbelgetriebe oder Koppelgetriebe bezeichnet, sind ungleichmäßig übersetzende Getriebe, deren Getriebeglieder mit Hilfe von Drehgelenken oder Schubgelenken miteinander gelenkig in Verbindung gebracht werden. Da diese Gelenke flächenberührend sind, können auf kleinem Raum große Kräfte übertragen werden. Die Gelenkgetriebe dienen zur Verwirklichung von Funktionsabläufen als Dreh- oder Schubbewegungen oder auch als Führungsgetriebe zur Erzeugung bestimmter Bahnkurven als Koppelkurven.

Mit dem Rechner lassen sich die Lagenänderungen des Abtriebsgliedes, dessen Geschwindigkeiten und Beschleunigungen, darüber hinaus aber auch die Koordinaten der von einem Koppelpunkt erzeugten Koppelkurven, deren Tangenten und Krümmungen und auch die zugehörigen Geschwindigkeiten und Beschleunigungen berechnen.

2.2 Bewegungsverhältnisse im Schubkurbelgetriebe

2.2.1 Allgemeines

Das viergliedrige Schubkurbelgetriebe, bestehend aus der Kurbel a, der Koppel b, dem Gleitstein c und dem Gestell d (Bild 2.1) dient zur Umwandlung einer umlaufenden Bewegung in eine hin und her gehende Schubbewegung. Die Versetzung e führt bei gleichförmig umlaufender Kurbel a zu ungleichen Zeiten für Hin- und Rückgang des Abtriebsgleitsteines und damit auch zu unsymmetrischen Bewegungsläufen für Hin- und Rückgang.

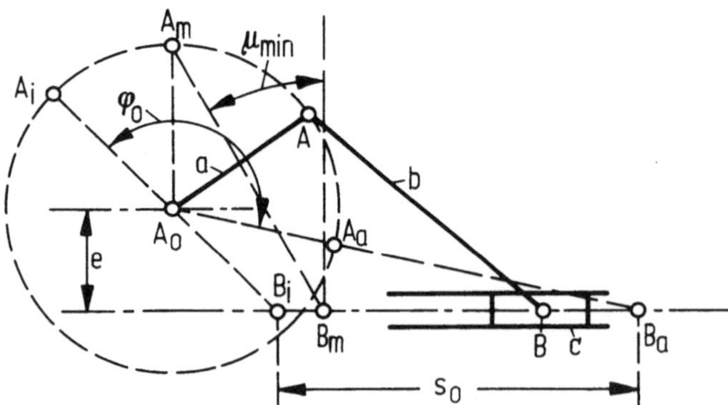

Bild 2.1 Die Haupt-Merkmale und Haupt-Bewegungen der Schubkurbel.

2.2.2 Die Haupt-Merkmale und Haupt-Bewegungen der Schubkurbel

Die Schubkurbel ist umlauffähig, wenn

$$b > a + e \ . \qquad (2.1)$$

Die Endlagen B_a und B_i des Gleitsteines c ergeben sich als Schnittpunkte der Führungsgeraden von B mit den Kreisbögen b + a und b − a als Radius um A_0, dem Drehpunkt der Antriebskurbel a, Bild 2.1. Der Hub ist $s_0 = B_a B_i$ mit b = 1:

$$s_0 = \sqrt{(1 + a)^2 - e^2} - \sqrt{(1 - a)^2 - e^2} \ . \qquad (2.2)$$

Der Kurbelwinkel φ_0 gibt an, welchen Winkel die Kurbel a zwischen den Gleitsteinlagen B_a und B_i zugeordneten Kurbellagen A_a und A_i durchläuft:

$$\varphi_0 = 180 - \text{arc cos} \frac{e}{1 + a} + \text{arc cos} \frac{e}{1 - a} \ . \qquad (2.3)$$

Der Übertragungswinkel μ liegt zwischen der Koppel b und der Senkrechten auf der Geradführung in B. Sein kleinster Wert kommt zustande, wenn die Kurbel a in A_0 mit $A_0 A_m$ senkrecht auf der Geradführung steht:

$$\mu_{min} = \text{arc cos} \, (a + e) \ . \qquad (2.4)$$

2.2.3 Die Übertragungsfunktionen der Schubkurbel

Nach Bild 2.2 ist die Übertragungsfunktion 0. Ordnung durch die Wegänderungen $s(\varphi)$, die sich im x-y-Koordinatensystem leicht berechnen lassen, gekennzeichnet. Die Übertragungsfunktion 1. Ordnung $\psi'(\varphi)$ ist die Geschwindigkeit v_B des Gleitsteinpunktes B, bezogen auf die Winkelgeschwindigkeit ω_a

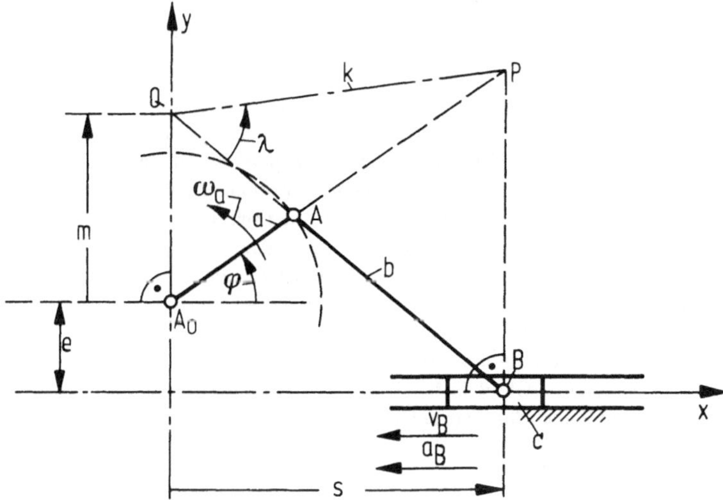

Bild 2.2 Geometrische Grundlagen zur Berechnung der Schubkurbel-Übertragungsfunktionen.

der Kurbel a. Sie wird durch die Drehschubstrecke m ausgedrückt, d.i. der senkrecht zur Schubrichtung aufgetragene Abstand des Kurbeldrehpunktes A_0 vom Relativpol Q. Dieser ist Schnittpunkt dieser Senkrechten mit der Koppel b:

$$m = \frac{v_B}{\omega_a}. \tag{2.5}$$

Die Übertragungsfunktion 2. Ordnung $\psi''(\varphi)$ ist die Beschleunigung a_B des Gleitsteinpunktes B, bezogen auf das Quadrat der gleichförmigen Antriebs-Winkelgeschwindigkeit ω_a. Diese bezogene Beschleunigung kann durch den Winkel λ ausgedrückt werden, der zwischen der Kollineationsachse k und der Koppel b in angegebenem Richtungssinne gemessen wird. Wenn der Pol P Schnittpunkt der Senkrechten in B auf der Geradführung mit a ist, stellt sich k als die Verbindung von Q mit P dar. Es ist die bezogene Gleitstein-Beschleunigung [2.1]:

$$\frac{a_B}{\omega_a^2} = \frac{m}{\tan\lambda}. \tag{2.6}$$

2.2.4 Rechenprogramm für Schubkurbel

Nach Einlesen der Magnetkarte „Schubkurbel" müssen zu Beginn des Rechenablaufes zunächst die Eingangswerte: Kurbellänge a, Versetzung e (Koppellänge immer b = 1) nach den Anweisungen der Bedienungsanleitung für Schubkurbel (Tafel 2.1[1)]) eingegeben und mit dem Schrieb 1.0 ausgedruckt werden. Der Schrieb 1.1 führt zu den Hauptbewegungen, nämlich dem Hub s_0, dem Kurbelwinkel φ_0 und dem Kleinst-Übertragungswinkel μ_{min}. Für den Laufwert φ sind glatte Werte $\varphi = 90°$ und $\varphi = 270°$ zu vermeiden. Bei fünfstelliger Anzeige und Auswertung genügt z.B. Eingabe $\varphi = 90{,}000001°$ und $\varphi = 270{,}000001°$ und führt zu ununterbrochener Weiterrechnung.

2.3 Das Gelenkviereck als Funktionsgetriebe

2.3.1 Allgemeines

Ein im Gestell drehbar gelagerter Hebel dient als Antriebsglied, ein zweiter, ebenfalls im Gestell gelagerter drehbarer Hebel als Abtriebsglied. Beide sind mit Drehgelenken gelenkig durch einen Koppelhebel miteinander verbunden. Damit ist ein Gelenkviereck entstanden. Durch die mannigfaltigen Variationen der Gliedlängen zueinander ergeben sich viele Anwendungs-Möglichkeiten. [2.1] Mit dem Gelenkviereck als Kurbelschwinge kann eine umlaufende Drehbewegung in eine hin- und hergehende Schwingbewegung oder mit der Doppelkurbel auch in eine ungleichmäßig verlaufende Umlaufbewegung umgewandelt werden. Es können aber auch mathematische oder aus empirisch erhaltenen Daten zusammengesetzte Funktionen mit mehr oder weniger guter Annäherung erfüllt werden. Das Gelenkviereck, Bild 2.3, ist „umlauffähig", wenn die Summe aus den Längen des kürzesten und dem längsten Glied kleiner ist als die Summe aus den Längen der beiden restlichen Glieder (Satz von Grasshof). [2.2] Das kürzeste Glied läuft relativ zu den drei übrigen voll um, es ist gleichgültig, welches der drei übrigen Glieder das längste Glied ist. Diese können sogar paarweise oder alle drei gleich lang sein.

---

1) Alle im folgenden angeführten Tafel-Nummern beziehen sich sowohl auf die H-Tafeln (HP 97) als auch auf die T-Tafeln (TI-59).

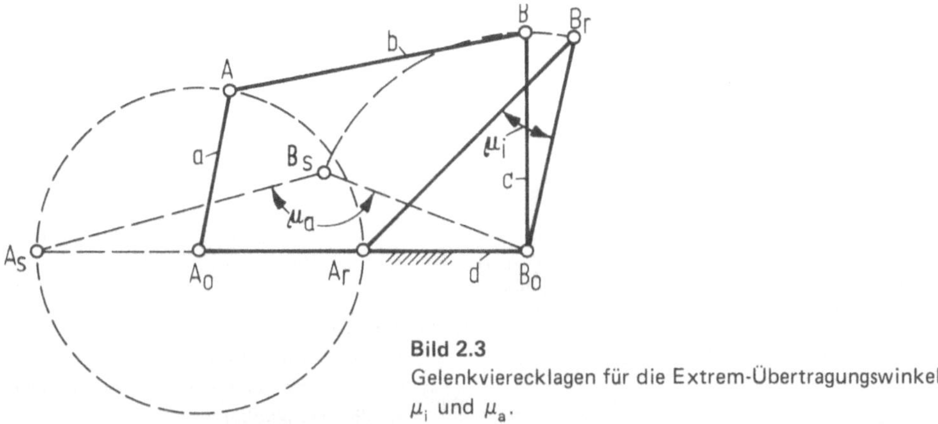

Bild 2.3
Gelenkviereckl agen für die Extrem-Übertragungswinkel μ_i und μ_a.

2.3.2 Die Hauptbewegungen der Kurbelschwinge

Die Kurbelschwinge des Bildes 2.3 hat die Kurbel a als kürzestes Glied, die im Gestell d gelagerte Abtriebsschwinge c und die Koppel b. In der Decklage $A_0 A_r$ und in der Strecklage $A_0 A_s$ der Kurbel mit dem Gestell d treten die Extremwerte μ_i und μ_a des zwischen b und c zu messenden Übertragungswinkels auf. Dieser Winkel soll bei schnellaufenden Getrieben $\mu_{min} = 40^\circ$ (= 140°: die Abweichung von 90° ist mit gleichem Gewicht zu bewerten), im allgemeinen aber nicht $\mu_{min} = \sim 30^\circ$ unterschreiten [2.3, 2.4].

Die Grenzlagen $B_0 B_a$ und $B_0 B_i$ (Umkehrlagen) des Gliedes c ergeben sich nach Bild 2.4 durch die Schnittpunkte B_a und B_i des Kreises mit c als Radius um B_0 mit den Kreisbögen um A_0 mit $b + a$ und $b - a$ als Radius. Der Schwingwinkel ψ_0 der Schwinge c wird von den Grenzlagen $B_0 B_a$ und $B_0 B_i$ eingeschlossen. Der Kurbelwinkel φ_0 wird zwischen den Kurbellagen $A_0 A_a$ und $A_0 A_i$ gemessen, die den Grenzlagen der Schwinge zugeordnet sind. Er ist derjenige Anteil von 360°, währenddessen sich Kurbel a und Schwinge c in gleicher Richtung drehen, also im „Gleichlauf-Bereich".

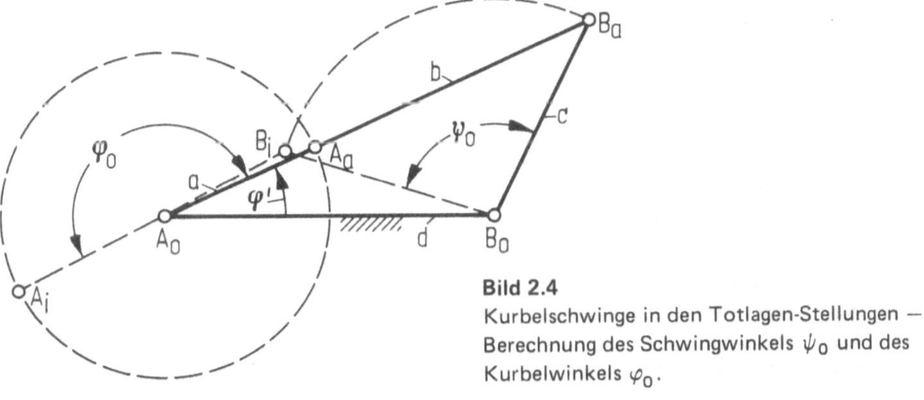

Bild 2.4
Kurbelschwinge in den Totlagen-Stellungen — Berechnung des Schwingwinkels ψ_0 und des Kurbelwinkels φ_0.

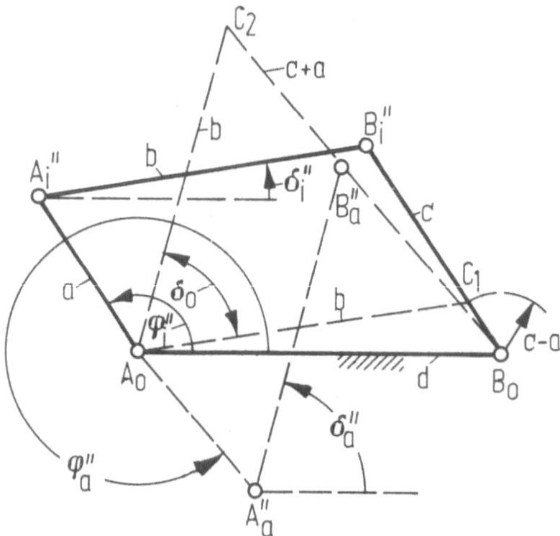

Bild 2.5
Kurbelschwinge in den Parallellagen von Kurbel a und Schwinge c. Berechnung der Parallellagenwinkel δ.

Wichtige Sonderlagen sind weiterhin die Parallellagen von Kurbel a und Schwinge c, Bild 2.5. Man findet sie durch die beiden Dreiecke $A_0 B_0 C_1$ mit den Seiten d, c − a und b, sowie $A_0 B_0 C_2$ mit den Seiten d, c + a und b. In den Parallellagen von a und c befindet sich die hin- und herschwingende Koppel b in je einer Grenzlage (Umkehrlage) hinsichtlich des Drehbewegungs-Anteiles, und deshalb interessieren die Grenzwinkel δ_i'' und δ_a'', die von der Koppel b in diesen Grenzlagen mit dem Gestell, bzw. mit der Parallelen zum Gestell d, eingeschlossen werden. Der Schwingwinkel δ_0 der Koppel b ergibt sich als Spitzenwinkel im gleichschenkligen Dreieck $C_2 A_0 C_1$ mit den Seitenlängen b und der Grundlinie 2a. Schließlich interessieren noch die Winkel φ_i'' und φ_a'', die die Kurbel a mit dem Gestell in den beiden Parallellagen (und natürlich auch die Schwinge c mit dem Gestell d) einschließt.

Die in den Bildern 2.3 bis 2.5 angegebenen Winkel für die Hauptbewegungen können sämtlich in den zugehörigen Dreiecken mit verschiedenartigem Einsatz der Gliedlängen, deren Summen, bzw. Differenzen mit Hilfe des Cosinus-Satzes in einfacher Weise berechnet werden.

2.3.3 Die Übertragungsfunktionen des Gelenkvierecks

Wenn das Gelenkviereck maßstäblich verändert wird, bleiben alle Relativ-Winkeländerungen, aber auch Winkelgeschwindigkeiten und Winkelbeschleunigungen, erhalten. Man kann also drei Gliedlängen auf die vierte, z.B. auf die Gestellänge d, beziehen und hat dann nur noch drei Veränderliche. Um entsprechende Umrechnungen auf die wahren Größen zu ersparen, ist es aber oft auch zweckmäßig, mit den vier Längenmaßen a, b, c, d, Bild 2.6, als Eingangsgrößen zu arbeiten. Es kommt aber noch ein Bewegungsbereichs-Kennwert $s = \pm 1$ hinzu, für den die Lage des Zweischlages b − c relativ zur Diagonalen $B_0A = m$ gilt. Für $\psi_m > \psi_c$ ist $s = +1$, für $\psi_m < \psi_c$ ist $s = -1$.

Im rechtwinkligen Koordinatensystem mit $A_0 B_0$ als Abszisse und A_0 als Ursprung errechnet sich in Abhängigkeit vom Kurbelwinkel φ der Lagenwinkel ψ_c des Abtriebsgliedes c in einfacher Weise [2.5] als Übertragungsfunktion 0. Ordnung. Als Zwischen-Funktion wird oft, vor allem für Massenkraft-Untersuchungen, der Koppellagenwinkel δ, den die Koppel b mit dem Gestell d einschließt,

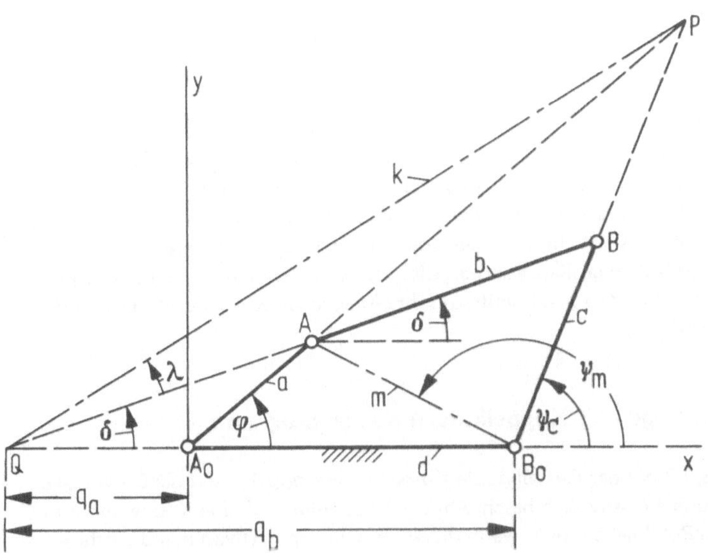

Bild 2.6 Geometrische Grundlagen für die Berechnungen der Gelenkviereck-Übertragungsfunktionen ψ_c, i und α_c/ω_a^2.

gebraucht. Die Übertragungsfunktion $\psi'(\varphi)$ 1. Ordnung ist durch das Übersetzungsverhältnis als Quotient der Abtriebswinkelgeschwindigkeit ω_c zur Antriebsgeschwindigkeit ω_a gekennzeichnet, es läßt sich aber auch (Bild 2.6) durch die Polabstände q_a und q_b des Poles Q von den Drehpunkten A_0 und B_0 ausdrücken (Q = Schnittpunkt von b und d):

$$i = \frac{\omega_c}{\omega_a} = \frac{q_a}{q_b}. \qquad (2.7)$$

Der Pol P ergibt sich als Schnittpunkt von a und c, und PQ = k ist die Kollineationsachse, die mit der Koppel b im angegebenen Richtungssinne den Winkel λ einschließt. Dann ist die auf das Quadrat der Winkelgeschwindigkeit ω_a der gleichmäßig umlaufenden Kurbel a bezogene Winkelbeschleunigung der Schwinge c als Übertragungsfunktion $\psi''(\varphi)$ 2. Ordnung [2.1]:

$$\frac{\alpha_c}{\omega_a^2} = \frac{i \cdot (1 - i)}{\tan \lambda}. \qquad (2.8)$$

2.3.4 Rechenprogramm für Funktions-Gelenkviereck

In Tafel 2.2 sind Anweisungen zur Bedienung des Rechenprogrammes enthalten.

Für die Eingabe der Kurbelwinkel φ sind glatte Werte, insbesondere $\varphi = 0°$ und $\varphi = 180°$, zu vermeiden. Bei fünfstelliger Rechnung genügt die Eingabe $\varphi = 0{,}000001$ oder $\varphi = 180{,}000001$. Der Ablauf des Rechnerprogrammes ist aus Tafel 2.3 zu erkennen.

2.4 Koppelkurven des Gelenkvierecks

2.4.1 Allgemeines

Die Koppelkurven des Gelenkvierecks sind von außerordentlich vielfältiger Gestalt. Sie sind Kurven 6. Grades und können deshalb nicht in geschlossenen Gleichungen dargestellt werden. Es gibt aber zeichnerische Verfahren, mit denen nicht nur die aufeinanderfolgenden Punktlagen der Koppelkurve, sondern auch die Tangenten und sogar die Krümmungen bestimmt werden können. Solche zeichnerische Verfahren ermöglichen mit Hilfe der Zeichnungsfolge-Rechenmethode [2.6] ein rechnerisches Nachvollziehen mit dem großen Vorzug, jedes beliebige Zwischenergebnis anhand der vorgefertigten Zeichnung nachprüfen und damit auf sehr einfache Weise Nachprüfungen und Korrekturen vornehmen zu können.

2.4.2 Geometrische Grundlagen für Koppelkurven-Rechenprogramm

Das Gelenkviereck des Bildes 2.7 hat das Gestell d, die Kurbel a, die Koppel b und die Schwinge c. Mit den Polarkoordinaten ϵ und e relativ zu b beschreibt der Koppelpunkt E eine Koppelkurve k_E, deren Normale n_E durch den Pol P gehen muß, wenn dieser als Schnittpunkt von a und c gefunden

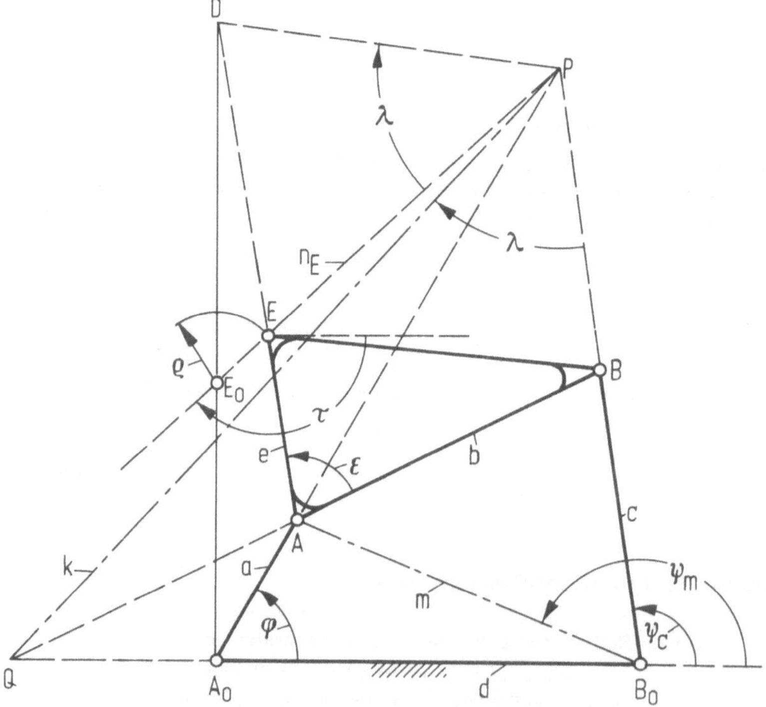

Bild 2.7 Geometrische Grundlagen zur Berechnung der Normalen n_E und des Krümmungshalbmessers ρ der Koppelkurve eines Gelenkvierecks.

wird. Zur Ermittlung des Krümmungsmittelpunktes E_0 [2.7] braucht man den Pol Q als Schnittpunkt von b und d und die Kollineationsachse k = PQ. Trägt man den Winkel $\lambda = \sphericalangle B_0PQ$ in gleichem Richtungssinne an PE an, so schneidet sein freier Schenkel die Gerade AE in D, und die Gerade A_0D schneidet die Normale n_E im Krümmungsmittelpunkt E_0, der Bahn des Koppelpunktes E. Diese Konstruktion (nach Bobillier) wird im rechtwinkligen Achsenkreuz mit der Abszisse d und dem Ursprung A_0 rechnerisch nachvollzogen.

2.4.3 Rechenprogramm für Koppelkurven des Gelenkvierecks

Eingangsgrößen sind die Gelenkviereck-Abmessungen a, b, c, d, ϵ, e. Hinzu kommt noch der Bewegungsbereichs-Faktor $s = \pm 1$, der zu berücksichtigen hat, ob der Zweischlag b – c im positiven oder negativen Drehsinne zur Diagonalen $m = B_0A$ liegt. Es ist $s = +1$, wenn $\psi_m > \psi_c$ und $s = -1$, wenn $\psi_m < \psi_c$. Als Ergebniswerte (Bild 2.8) gelten die Koordinaten x_E und y_E des Koppelpunktes E, der Richtungswinkel τ (für E_{120}, gültig für $\varphi = 120°$) der Normalen n_E ($n_{E\,120}$), womit auch die Bahntangente t_E ($t_{E\,120}$) festgelegt ist, die Koordinaten x_{E0} und y_{E0} des Krümmungsmittelpunktes E_0 (E_{0120}) und schließlich der Krümmungsradius ρ (ρ_{120}). Als Kontrolle dienen die Lage von E_0 auf n_E und die Übereinstimmung $E_0E = \rho$. Die Bedienungsanleitung für das Programm „Gelenkviereck-Koppelkurven" ist auf Tafel 2.3 festgelegt.

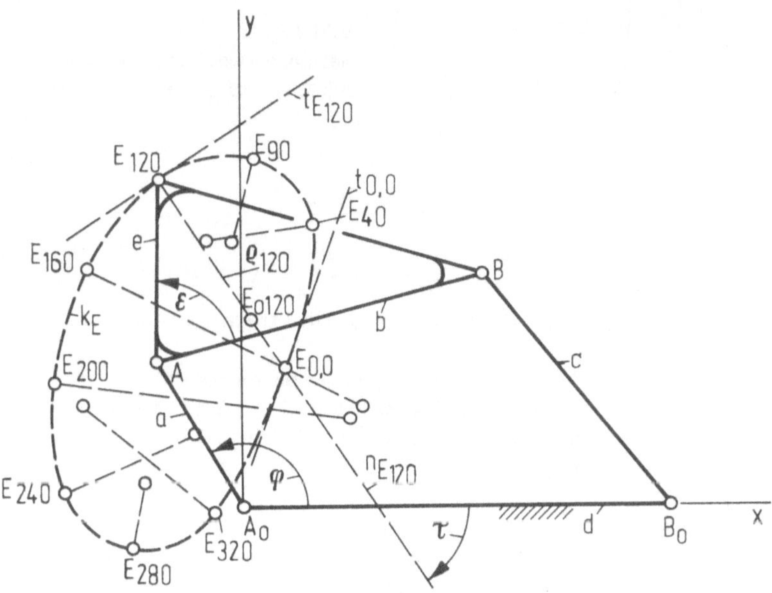

Bild 2.8 Gelenkviereck mit Darstellung der Krümmungsverhältnisse einer Koppelkurve k_E.

2.5 Das sechsgliedrige Koppelgetriebe

2.5.1 Allgemeines

Das sechsgliedrige Koppelgetriebe ist eines der 10-(Nr. 3)-sechsgliedrigen zwangläufigen Getriebe [2.7]. Es ist (Bild 2.9) die Erweiterung des Gelenkvierecks durch die Anlenkung des Zweischlages $b_{II} - c_{II}$ an dem Koppelpunkt E, wobei die Form der Koppelkurve und die Lage des Gestellpunktes H_0 die ausschlaggebende Rolle für die Lauffähigkeit des Gesamtgetriebes spielen [2.8].

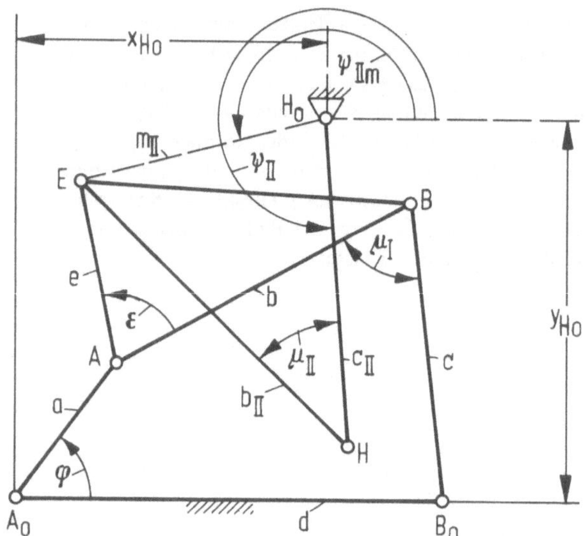

Bild 2.9
Sechsgliedriges Koppelgetriebe mit Eingangs- und Ergebniswerten

2.5.2 Rechenprogramm mit Näherungs-Rechnungen für Übertragungsfunktionen

Für das Rechenprogramm können ohne Änderungen die Gleichungen bis zur Berechnung der Koppelpunktlagen E des Programmes „Koppelkurven des Gelenkvierecks" übernommen werden. Genau wie beim Gelenkviereck muß auch am Abtriebs-Zweischlag durch den Beiwert s_{II} berücksichtigt werden, ob $b_{II} - c_{II}$ oberhalb oder unterhalb der Diagonalen $H_0E = m_{II}$ liegen. Es ist $s_{II} = +1$, wenn $\psi_{IIm} > \psi_{II}$ und $s_{II} = -1$, wenn $\psi_{IIm} < \psi_{II}$.

Um mit der Kapazität des Kleinrechners für ein Laufprogramm auszukommen, wird hier ein Näherungsverfahren verwendet, bei dem lediglich die Winkellagen ψ_{II} dreimal in sehr kurzen Schrittweiten $\delta\varphi$ des Kurbelwinkels φ zu bestimmen sind und aus diesen benachbarten Lagen die Übersetzungsverhältnisse und die Beschleunigungen berechnet werden können. Mit den drei Winkellagen ψ_{II1}, ψ_{II2}, ψ_{II3} errechnet sich das Gesamt-Übersetzungsverhältnis i_0 (ψ'_{II}) als Übertragungsfunktion 1. Ordnung zu

$$i_0 = \frac{\psi_{II3} - \psi_{II1}}{\text{arc}\,\delta\varphi} \tag{2.9}$$

und die bezogene End-Beschleunigung $A_0 = \alpha_{II}/\omega_{aI}^2\ (\psi_{II}'')$ zu

$$A_0 = \frac{\psi_{II3} + \psi_{II1} - 2\,\psi_{II2}}{\text{arc}^2\,\delta\varphi}. \qquad (2.10)$$

Im Vergleich mit einem Rechenprogramm genauer Rechenansätze konnte festgestellt werden, daß die Schrittweite mit $\delta\varphi = 0{,}5^\circ \ldots 1{,}0^\circ$ zu den Ergebnissen mit den geringsten Abweichungen führt, Fehler treten erst in der 3. und 4. Dezimalstelle auf.

Nach Bild 2.9 sind als Eingangswerte zu berücksichtigen: Kurbel a, Koppel b, Schwinge c, Gestell d, Beiwert s_I (nach Beschreibung für Bild 2.7), Koppelwinkel ϵ, Koppel-Radiusvektor e, Koordinaten x_{H0}, y_{H0} des Gestellpunktes H_0 im rechtwinkligen Koordinatensystem mit A_0 als Ursprung und d als Abszisse, Koppellänge b_{II}, Schwinglänge c_{II}, Beiwert s_{II} und Fein-Schrittweite $\delta\varphi$. Für das Laufprogramm müssen noch ein Anfangs-Kurbelwinkel φ und die Grob-Schrittweite $\Delta\varphi$ eingegeben werden.

Als Ergebniswerte ergeben sich der Lagenwinkel ψ_{II} der Schwinge c_{II}, das Gesamt-Übersetzungsverhältnis $i_0 = \omega_{cII}/\omega_a$ und die bezogene Gesamt-Beschleunigung $A_0 = \alpha_{cII}/\omega_a^2$. Der Übertragungswinkel μ_I im Gelenkviereck (Bild 2.9) ist mit seinen Extremwerten (Bild 2.3) leicht zu berechnen. Der Übertragungswinkel μ_{II} zwischen b_{II} und c_{II} ist hinsichtlich seiner Extremwerte nicht direkt bestimmbar. Hier kann nur ein iterativ arbeitendes Programm zum Ziele führen.

Die Bedienungsanleitung für das sechsgliedrige Koppelgetriebe ist in Tafel 2.4 enthalten.

2.6 Schrifttum: Entwurf von Gelenkgetrieben

[2.1] *Hain, K.*, Getriebebeispiel-Atlas, Düsseldorf 1973, VDI-Verlag.

[2.2] *Hain, K.*, Atlas für Getriebe-Konstruktionen, Braunschweig 1972, Verlag Friedr. Vieweg & Sohn.

[2.3] Ebene Kurbelgetriebe. Konstruktion von Kurbelschwingen zur Umwandlung einer umlaufenden Bewegung in eine Schwingbewegung, VDI-Richtlinie 2130, Düsseldorf 1959.

[2.4] *Hain, K.*, Optimierungsfelder für Kurbelschwing-Gelenkvierecke, Werkstatt und Betrieb 110 (1977) 2, S. 87/94.

[2.5] *Hain, K.*, Rechenprogramme für beschleunigungsgleiche Getriebe mit unterschiedlichen Hauptbewegungen, Werkstatt und Betrieb 109 (1976) 2, S. 73/80.

[2.6] *Hain, K.*, Rechenprogramm für Krümmungen und Beschleunigungen der Gelenkviereck-Koppelpunkte, Konstruktion 28 (1976) H. 11, S. 417/422.

[2.7] *Hain, K.*, Getriebelehre, Grundlagen und Anwendungen, München 1963, Carl Hanser Verlag.

[2.8] *Hain, K.*, Übergang von der Systematik zur Kinematik der Gelenkgetriebe, Technica (Schweiz) 25 (1976) H. 26, S. 1831/1837.

3 Berechnung des Profils von Kurvenscheiben bei gegebenen Übergangsgesetzen

3.1 Allgemeines über Kurvengetriebe

Das einfache, dreigliedrige Kurvengetriebe – bestehend aus dem Gestell, der umlaufenden Antriebskurvenscheibe und dem geradverschobenen bzw. schwingdrehenden Abtriebsglied – ist nicht nur in der Lage, hin- und hergehende Bewegungen des Abtriebsgliedes zu erzeugen, es können dabei auch zusätzlich beliebige lange Rasten erfüllt werden. Solche Rasten sind am Hubbeginn und am Hubende, aber auch beliebig im Hin- oder Rückgang möglich. Die beiden Bauformen werden als Kurvengetriebe mit Eingriffsschieber bzw. mit Schubrolle (Schubkurvengetriebe), und als Kurvengetriebe mit Eingriffsschwinge bzw. mit Schwinghebel (Rollenhebel) bezeichnet.

Zwischen den Rasten oder einfachen Totlagen kommt es nun darauf an, das Abtriebsglied in günstigster Weise zu bewegen. Ein Kriterium hierfür ist, mit möglichst geringen Maximalbeschleunigungen auszukommen, wobei aber vor allem ein Beschleunigungsverlauf ohne Sprünge anzustreben ist. Es muß darauf hingewiesen werden, daß dreigliedrige Kurvengetriebe vorzüglich geeignet sind, das gesamte vorgeschriebene Bewegungsgesetz für eine hin- und hergehende Bewegung zu erfüllen, daß dies aber nicht für umlaufende Abtriebsbewegungen gilt. Für solche Forderungen müssen mehrgliedrige Kurvengetriebe eingesetzt oder es muß bei Verwendung dreigliedriger Kurvengetriebe auf die Erfüllung des gesamten Bewegungsgesetzes verzichtet werden.

Der beachtenswerte Fortschritt auf dem Gebiet der Kurvengetriebe, insbesondere hinsichtlich ihres Einsatzes für höhere Geschwindigkeiten bei verhältnismäßig großen, bewegten Massen, liegt in der Verwendung mathematisch genau definierbarer Übergangsgesetze zwischen den Rasten, vor allem aber in der Möglichkeit, die vorgeschriebenen Kurvenprofile genügend genau fertigen zu können [3.1].

Zwischen den Gelenkgetrieben und den Kurvengetrieben bestehen enge Beziehungen. Man kann für jedes Kurvengetriebe ein Ersatz-Kurbelgetriebe finden, wenn man für einen Kurvenpunkt die Normale als einen Lenker und den Krümmungsmittelpunkt auf ihr als ein Gelenk betrachtet. Dann stimmen in dieser Getriebelage Geschwindigkeit und Beschleunigung in beiden erwähnten Getriebe-Bauarten überein. Für das dreigliedrige Kurvenschubgetriebe ergibt sich die Schubkurbel, für das dreigliedrige Kurvenschwinggetriebe die Kurbelschwinge als Ersatzgetriebe.

Wegen dieser engen Wechselbeziehungen können Gelenk- und Kurvengetrieben dieselben geometrisch-analytischen Beziehungen zugrunde gelegt werden. Da der programmierbare Rechner in der Lage ist, beliebig viele Zwischenrechnungen aufeinanderfolgend mit der entsprechenden Zahl von wieder abrufbaren Zwischenspeichern zu verarbeiten, können alle bekannten, vor allem aber die einfachsten geometrischen Verfahren als „Zeichnungsfolge-Rechenmethode" sofort verwendet werden.

Bei Kurvengetrieben ist, wie später ausführlich gezeigt werden soll, der Übertragungswinkel durch die Kurvennormale bestimmt. Dieselbe Kurvennormale wird aber auch zur Festlegung des augenblicklichen Übersetzungsverhältnisses, also des Geschwindigkeitszustandes, gebraucht. Damit besteht ein enger Zusammenhang zwischen der Übertragungsgüte und der ersten Ableitung der Bewegungsfunktion, also dem Übersetzungsverhältnis.

3.2 Schubkurvengetriebe

3.2.1 Die Hauptabmessungen des Schubkurvengetriebes

Eine wichtige Forderung ist das Streben nach einer hohen Übertragungsgüte. Sie gilt als ein Kennwert für die Laufgüte, deren Bereich und einzelne Einflußgrößen noch nicht umfassend erfaßt und abgegrenzt werden konnten. Die Übertragungsgüte kann in erster Näherung als die Sicherheit gegen Klemmen angesehen werden. Es ist möglich, sie als Zahlenwert durch einen einfachen Winkel, den Übertragungswinkel zu kennzeichnen. Ist dieser Winkel 0° oder 180°, so ist eine Bewegung vom zugehörigen Antriebsglied aus nicht mehr möglich.

Der Bestwert des Übertragungswinkels liegt bei 90°. Je größer seine Abweichung von diesem Wert ist, umso ungünstiger wird die Güte der Bewegungsübertragung. Da also z. B. ein Übertragungswinkel von 50° genau zu bewerten ist wie ein solcher von 130°, ist es zweckmäßig, immer nur den spitzen Winkel als Maß für die Übertragungsgüte einzusetzen. Es ist leicht einzusehen, daß die Übertragungsgüte insgesamt am besten sein muß, wenn die Extremwerte gleich groß sind. Bei einfachen Getrieben gibt es zwei solcher Extremwerte, bei mehrgliedrigen Getrieben sind mehrere Übertragungswinkel zwischen verschiedenen Gliedern zu berücksichtigen. Wenn alle Extremwerte gleich sind, soll ein solches Getriebe als „übertragungsgünstigstes" Getriebe bezeichnet werden.

Ohne diese Festlegung gibt es zwei freie Parameter für die Formgebung des Kurvenprofiles und damit ∞^2 mögliche Profile. Nach Ausnutzung beider Parameter findet man dann nur noch ein einziges Kurvenprofil. Durch diese beiden Parameter sind die „Hauptabmessungen" des Schubkurvengetriebes bestimmt. Es sind die kleinste Entfernung des Rollenmittelpunktes vom Kurvenscheibendrehpunkt und der Versetzung der Rollenmittelpunktführung vom Kurvenscheibendrehpunkt.

3.2.2 Die q-Kurve für das Schubkurvengetriebe

Die q-Kurve ist der geometrische Ort aller Relativpole Q, und diese bestimmen den augenblicklichen Geschwindigkeitszustand, definiert durch die Drehschubstrecke [3.2]:

$$m = \frac{v_B}{\omega_a}, \qquad (3.1)$$

wenn v_B die Geschwindigkeit des geradgeführten Rollenmittelpunktes und ω_a die Winkelgeschwindigkeit der Kurvenscheibe sind.

Mit Hilfe der q-Kurve kann man die Hauptabmessungen des übertragungsgünstigsten Schubkurvengetriebes, also desjenigen Getriebes bestimmen, bei dem der kleinste Übertragungswinkel μ_{min} in gleicher Größe sowohl im Hingang als auch im Rückgang des Rollenschiebers auftritt. Da es bei der Festlegung des Übertragungswinkels auf dessen Größe nicht sehr genau ankommt, empfiehlt sich zunächst der einfache, kombinierte rechnerisch-zeichnerische Weg nach Bild 3.1.

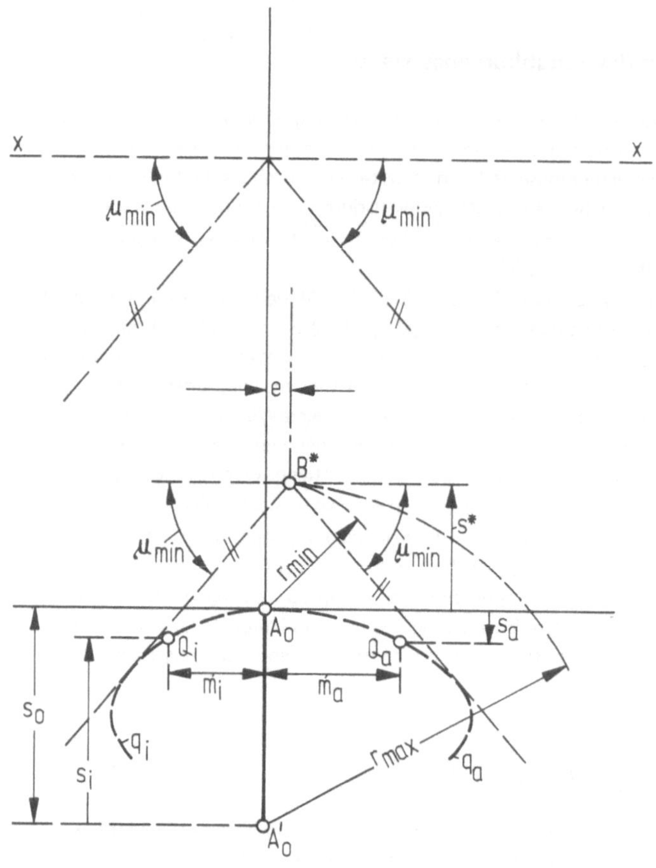

Bild 3.1 Geometrische Grundlagen zur Bestimmung der Hauptabmessungen für Schubkurvengetriebe.

Die durch die Aufgabenstellung festzulegenden Eingangsdaten für eine Abtriebsschubbewegung zwischen zwei Endrasten sind:

$0 < z < 1$ Teilfaktor für die nach normierten Gleichungen auszuwählende Übergangskurve

Φ_I Kurvenscheibendrehwinkel für den Hingang des Rollenschiebers (zurückzulegender Weg von kleinster zu größter Rollenentfernung vom Kurvenscheibendrehpunkt)

Φ_{II} Kurvenscheibendrehwinkel für den Rückgang des Rollenschiebers

Φ_{RI} Kurvenscheibendrehwinkel für die erste Endrast zwischen Φ_I und Φ_{II} (zweiter Rastdrehwinkel braucht nicht besonders vermerkt zu werden, da $\varphi_{RII} = 360 - \Phi_I - \Phi_{II} - \varphi_{RI}$)

s_0 Gesamthub des Abtriebsrollenschiebers

f, f', f'' bezogene Übertragungsfunktionen 0., 1. und 2. Ordnung [2.1].

Als Übergangskurve soll für die folgenden Beispiele die geneigte Sinoide mit ihren ruckfreien Übergängen gewählt werden. Hierfür sind

$$f = z - \frac{1}{2\pi} \sin(z \cdot 360), \quad (3.2)$$

$$f' = 1 - \cos(z \cdot 360), \quad (3.3)$$

$$f'' = 2\pi \sin(z \cdot 360). \quad (3.4)$$

3.2.3 Rechenprogramm für q-Kurve des Schubkurvengetriebes

Mit den Eingangswerten lassen sich die Bestimmungsgrößen s_a, m_a für den Hinweg, sowie s_i, m_i für den Rückgang für die geneigte Sinoide berechnen, wenn vorher für den Hingang die Beiwerte

$\Phi_I = \Phi$ Kurvenscheibendrehwinkel
$t = +1$ Beiwert 1
$u = 0$ Beiwert 2

und für den Rückgang die Beiwerte

$\Phi_{II} = \Phi$ Kurvenscheibendrehwinkel
$t = -1$ Beiwert 1
$u = +1$ Beiwert 2

aus je einem Unterprogramm abgerufen werden. Der Beiwert u wird später für das Schwinghebelgetriebe gebraucht. Dann findet man

$$s = -\left[z - \frac{1}{2\pi} \cdot \sin(z \cdot 360)\right] \cdot s_0 \cdot t, \quad (3.5)$$

$$m = \frac{s_0 \cdot [1 - \cos(z \cdot 360)] \cdot t \cdot 180}{\Phi \cdot \pi}. \quad (3.6)$$

Der Rechner ist nach Tafel 3.1 zu bedienen. Für ein Zahlenbeispiel wurden gewählt: $\Phi_I = 120°$; $\Phi_{II} = 160°$; $\varphi_{RI} = 50$ ($\varphi_{RII} = 30°$); $s_0 = 40$. Das Programm ist als „Laufprogramm" eingerichtet. Man gibt einen Anfangs-Teilfaktor z und die Schrittweite Δz ein, und der Rechner arbeitet so lange, bis in diesem Beispiel manuell mit der R/S-Taste gestoppt wird (ein automatischer Stop nach vorgeschriebenem Endwert läßt sich ohne weiteres einfügen).

3.2.4 Zeichnerische Bestimmung der Hauptabmessungen des Schubkurvengetriebes

Im rechtwinkligen Koordinatensystem (Bild 3.1) mit A_0 als Ursprung trägt man als Abszissen die m_a-Werte und als Ordinaten die s_a-Werte des Schriebes 4.1 (Hingang) auf. Für den Punkt A_0', der um den Hub $-s_0$ zu A_0 verschoben ist, als Ursprung geiten dann die m_i-Abszissen und die s_i-Ordinaten. Die damit bestimmten Pole Q_a ergeben die q_a-Kurve für den Hingang, die Pole Q_i die q_i-Kurve für den Rückgang.

Man zeichnet eine beliebige, zur Abszisse parallele Gerade X—X und trägt in der in Bild 3.1 angegebenen Weise den gegebenen Übertragungswinkel $\mu_{min} = 50°$ an diese zweimal an. Zu den freien Winkelschenkeln zeichnet man die Parallelen als Tangenten an die q_a- und q_i-Kurve, und diese Parallelen schneiden sich im Punkt B^*, und mit dessen Ordinaten s^* und e sind die Hauptabmessungen des Schubkurvengetriebes bestimmt, für die es nur noch ein einzig mögliches Kurvenprofil gibt. Mit A_0 $B^* = r_{min}$ und A_0' $B^* = r_{max}$ sind auch sofort die Extrem-Rast-Radien der Kurvenscheibe bekannt.

Die Tangenten-Berührungspunkte gehören dem Q-Punkt entsprechend zu einem bestimmten z, so daß damit am Kurvenprofil unmittelbar vorausgesagt werden kann, in welchem Profilpunkt μ_{min} auftreten wird. Aus Bild 3.1 ist zu erkennen, daß man mit dem Rechenprogramm durch kleinere Schrittweiten mit größerer Genauigkeit den Berührungspunkt festlegen kann. Und darauf beruht auch ein automatisch ablaufendes Programm [3.2], das die Hauptabmessungen mit beliebig geforderter Genauigkeit liefert. Es ist beachtenswert, daß bei der Bestimmung der Hauptabmessungen die Rastperioden (φ_{RI} und φ_{RII}) überhaupt nicht berücksichtigt zu werden brauchen.

3.2.5 Berechnung der Kurvenscheiben-Hauptabschnitte des Schubkurvengetriebes

Das Kurvenscheibenprofil setzt sich aus den Rastkreisbögen mit dem Kreismittelpunkt im Kurvenscheibendrehpunkt und aus den Übergangsprofilen für die Abtriebsbewegung zusammen. Die Drehwinkel Φ der Kurvenscheibe sind nach Bild 3.2 im allgemeinen nicht mit den auf der Kurvenscheibe zu messenden Abschnittswinkeln φ_{kI} und φ_{kII} identisch, wohl aber die Rastwinkel φ_{RI} und φ_{RII}. Die Winkel β_1 bis β_4 begrenzen auf der Kurvenscheibe, bezogen auf einen Bezugsstrahl 0, die Rast- und Bewegungswinkel. Gleichzeitig werden die Extremradien r_{max} und r_{min} der Kurvenscheibe erfaßt. Die Bewegungsbereiche $\varphi_{kI} = \beta_2 - \beta_1$ und $\varphi_{kII} = \beta_4 - \beta_3$ werden für die normierte Übergangskurve [3.1] mit dem Teilungsfaktor $0 < z < 1$ in beliebig viele Lagen aufgeteilt und hierfür die Profilpunkte C_0 (z.B. $C_{0,6}$ für z = 0,6 usw.), deren Tangenten t_0 (z.B. die Profiltangente $t_{0,6}$, die Profilnormale $n_{0,6}$ für z = 0,6) und die Krümmungsradien (z.B. $\rho_{0,6}$) mit den zugehörigen Krümmungsmittelpunkten A ($A_{0,6}$) berechnet.

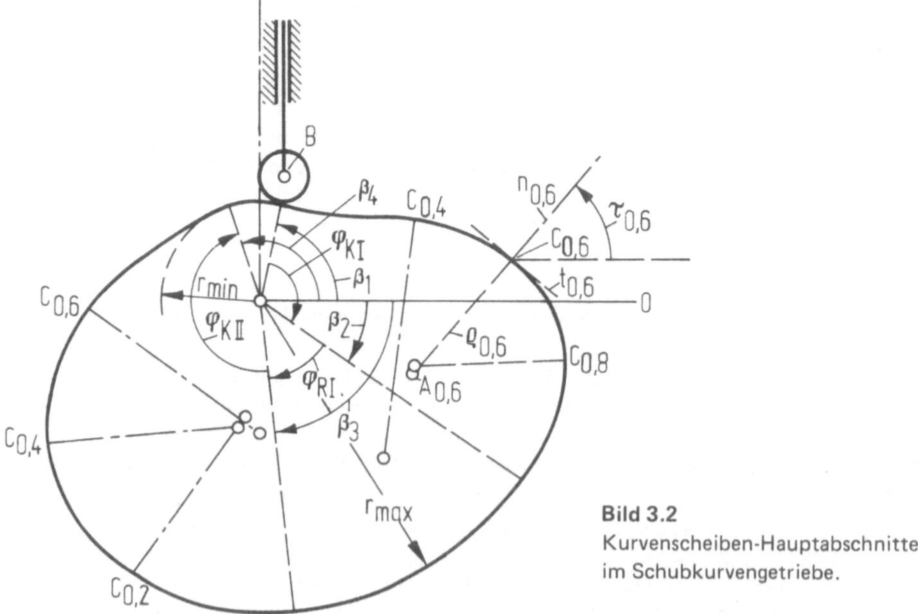

Bild 3.2
Kurvenscheiben-Hauptabschnitte im Schubkurvengetriebe.

Wenn nun die nach Bild 3.1 ermittelten Hauptabmessungen s^* und e festliegen, braucht nun nur noch zusätzlich der Rollenradius r eingegeben zu werden, und zwar positiv, wenn die Kurvenscheibe mit Außenberollung, und negativ, wenn sie mit Innenberollung beaufschlagt werden soll. Tafel 3.2 gibt die Bedienungsanleitung.

3.2.6 Berechnung des Kurvenprofiles des Schubkurvengetriebes

Bei gegebenen, bezogenen Übertragungsfunktionen läßt sich das Profil des Schubkurvengetriebes nicht nur für die Profilpunkt-Koordinaten, sondern auch für die Tangenten (Normalen) und für die Krümmungen bestimmen. Bei gegebenem s^* und e (Bild 3.3) errechnet sich die vom Teilfaktor z abhängige Lage des Rollen-Gelenkes B mit:

$$s = s^* + s_0 \left\{ u + t \left[z - \frac{\sin (z \cdot 360)}{2\pi} \right] \right\}. \tag{3.7}$$

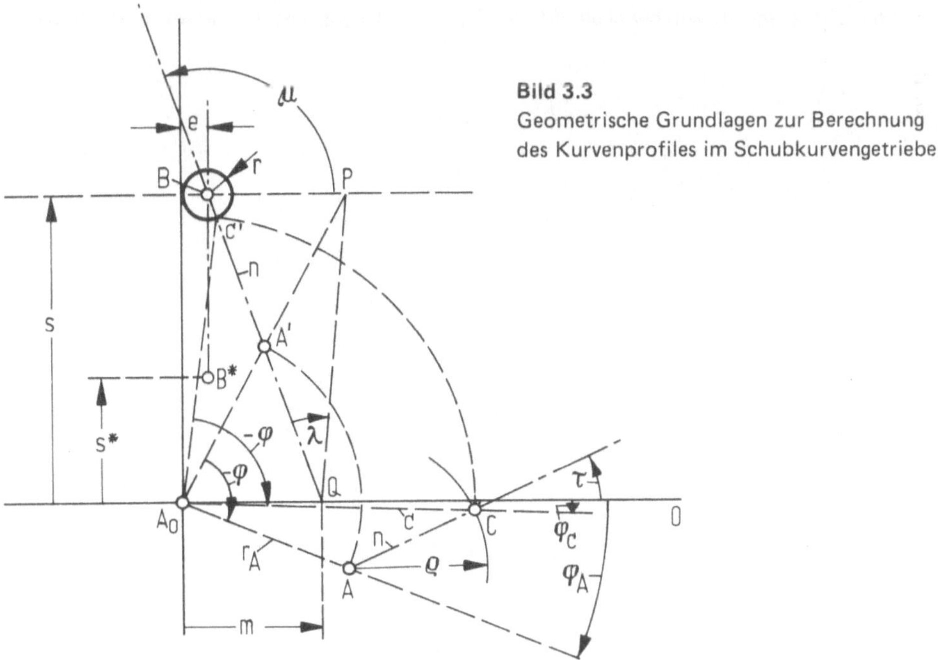

Bild 3.3
Geometrische Grundlagen zur Berechnung des Kurvenprofiles im Schubkurvengetriebe.

Die Normale n muß durch den Pol Q, dessen Lage durch die Drehschubstrecke m nach Gl. (3.6) zu berechnen ist, gehen [3.3]. Auf der Normalen n muß immer der Berührungspunkt C' zwischen Rolle und Kurvenprofil, also im Abstand r von B, liegen. Für die Krümmung kann man den „Kollineationswinkel" λ benutzen [3.4], indem man diesen in Q an QB anträgt und seinen freien Schenkel mit der Abszissenparallelen durch B im Pol P schneiden läßt. Die Strecke A_0P schneidet die Normale im Krümmungsmittelpunkt A'. Der Winkel λ berechnet sich zu:

$$\lambda = \arctan \frac{\Phi \left[1 - \cos (z \cdot 360) \right]}{360 \cdot \sin (z \cdot 360)}. \tag{3.8}$$

Nun müssen die Punkte C' und A' um A_0 und um den Winkel $-\varphi$ bis C und A zurückgedreht werden. Dabei ergibt sich auch der Steigungswinkel τ der Normalen n. Der Winkel φ ist leicht zu berechnen:

$$\varphi = z \cdot \Phi + u\,(\varphi_{RI} + \varphi_I) \tag{3.9}$$

In Bild 3.3 ist noch der für die gezeichnete Getriebestellung gültige Übertragungswinkel μ eingezeichnet. Er liegt zwischen der Abszissenparallelen und der Normalen n.

Die Bedienungsanleitung für den Rechner ist aus Tafel 3.3 zu entnehmen.

3.3 Schwinghebel-Kurvengetriebe

3.3.1 Die Hauptabmessungen des Schwinghebel-Kurvengetriebes

Wenn für ein Schwinghebel-Kurvengetriebe zwei Endrasten (in den Grenzlagen des schwingenden Abtriebsgliedes) mit den auf die Kurvenscheibendrehwinkel φ_{RI} und φ_{RII} bezogenen Rastdauern und mit den Kurvenscheibendrehwinkeln Φ_I und Φ_{II} für die Übergangsbewegungen vorgeschrieben

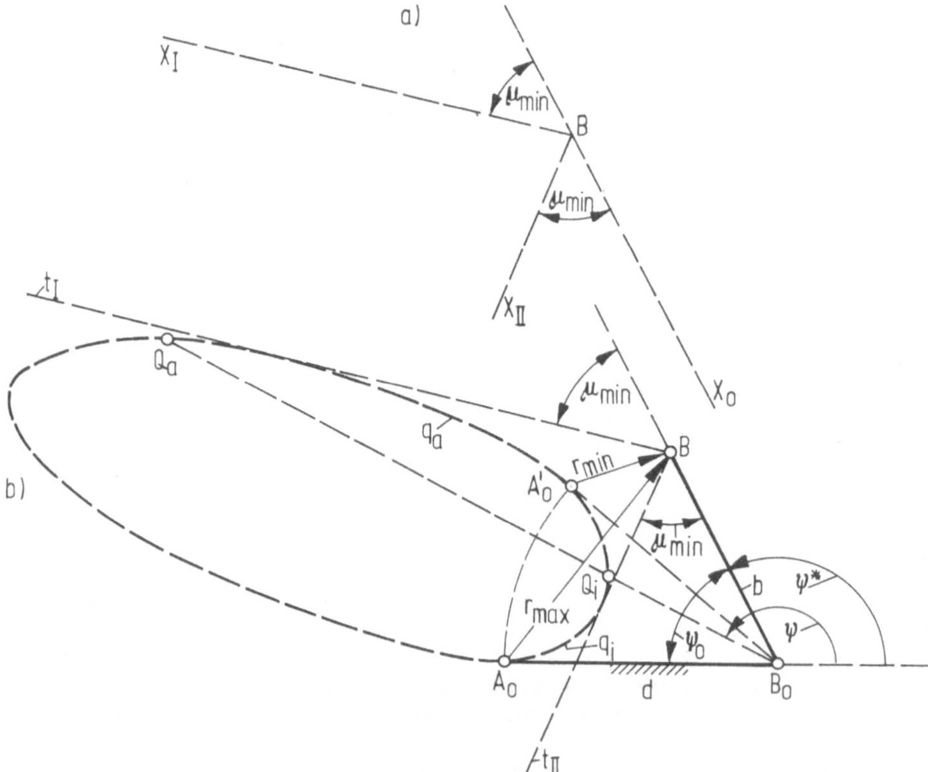

Bild 3.4 Geometrische Grundlagen zur Bestimmung der Hauptabmessungen für Schwinghebel-Kurvengetriebe.

sind, kann man zur Bestimmung der Hauptabmessungen, das sind hier Anfangslagenwinkel ψ^* und Hebellänge b, die Rastwinkel unberücksichtigt lassen. Nach Bild 3.4 ist zunächst die q-Kurve, bestehend aus den Zweigen q_a und q_i, aufzuzeichnen. Für sie gilt die für den jeweiligen Zweck auszuwählende Übergangskurve. Im vorliegenden Falle wurde ebenfalls die geneigte Sinusoide nach den Gln. (3.2) bis (3.4) ausgewählt.

3.3.2 Die q-Kurve für das Schwinghebel-Kurvengetriebe

Zum Aufzeichnen der Punkte Q_a und Q_i (Bild 3.4) werden die mit B_0 als Ursprung geltenden Polarkoordinaten verwendet [3.5], und zwar der Winkel ψ mit

$$\psi = -\psi_0 \left[t + s\left(z - \frac{\sin(z \cdot 360)}{2\pi}\right)\right] + 180\,. \tag{3.10}$$

Hierin sind: ψ_0 Schwingwinkel des Rollenhebels, z Teilungsfaktor für beliebige Zwischenpunkte, $t = 0$, $s = +1$ Kennwerte für den Gleichgang von Kurvenscheibe und Rollenhebel, im Bild 3.4 Punkte Q_a auf q_a, $t = +1$, $s = -1$ Kennwerte für den Gegenlauf von Kurvenscheibe und Rollenhebel, im Bild 3.4 Punkte Q_i auf q_i.

Die Polarkoordinaten $q_b = B_0 Q_a$ und $q_b = B_0 Q_i$ ergeben sich mit der frei wählbaren Gestelllänge $d = A_0 B_0$ zu:

$$q_b = d - \frac{d}{1 - \dfrac{1}{\dfrac{s \cdot \psi_0 [1 - \cos(z \cdot 360)]}{\varphi}}}\,, \tag{3.11}$$

wobei auch hier für s die oben angegebenen Beträge für Gleichlauf und Gegenlauf von Kurvenscheibe und Schwinghebel einzusetzen sind.

3.3.3 Rechenprogramm für q-Kurve des Schwinghebel-Kurvengetriebes

Das Rechenprogramm für die q-Kurve läuft nach den Bedienungsanleitungen der Tafel 3.4 ab. Mit den Polarkoordinaten ψ und q_b läßt sich nunmehr die q-Kurve mit ihren Ästen q_a und q_b entsprechend Bild 3.4 aufzeichnen. Die Wahl des Anfangswertes z und der Schrittweite Δz richtet sich nach den weiteren, im folgenden angeführten Maßnahmen.

3.3.4 Zeichnerische Bestimmung der Hauptabmessungen des Schwinghebel-Kurvengetriebes

Wenn nun die q-Kurve (Bild 3.4) festliegt und die Hauptabmessungen für das übertragungsgünstigste Schwinghebelgetriebe bei vorgegebenem, im Gleich- und Gegenlauf gleich großen Übertragungswinkel μ_{min} zu bestimmen sind, muß man auf einem von B_0 ausgehenden, mit der x-Achse einen Winkel ψ^* einschließenden Strahl einen Punkt B solange suchen, bis von ihm aus die beiden Tangenten t_I und t_{II} an q_a und q_i mit B_0B den gleich großen Winkel μ_{min} in der dargestellten Weise einschließen. Wenn also μ_{min} in einer bestimmten Größe vorgeschrieben ist, muß der Winkel ψ^* entsprechend verändert werden. Für diesen Zweck hat sich ein Verschiebeverfahren mit durchsichtigem Papier (Overlay-Method) bewährt. Man macht eine Hilfsfigur nach

Bild 3.4a mit den Strahlen BX_I und BX_{II}, die mit dem dritten Strahl BX_0 den Winkel μ_{min} einschließen und gleitet mit X_I und X_{II} als Tangenten an q_a und q_i solange, bis BX_0 durch B_0 geht. Die dabei entstandene Lage von B gibt sofort die Hauptabmessungen ψ^* und b in den Grenzen der zeichnerischen Genauigkeit an. Da man die Tangenten-Berührungspunkte mit Annäherung erkennt, empfiehlt sich in diesen beiden engen Feldern eine Nachrechnung mit dem q-Kurven-Programm und mit sehr kleinen Schrittweiten.

Auf solchen Grundlagen beruht ein iterativ arbeitendes Rechenprogramm [3.6], das automatisch die Hauptabmessungen ψ^* und b sowie den dazugehörigen Teilungsfaktor berechnet und für die Weiterbearbeitung speichert bzw. ausdruckt.

Aus Bild 3.4 läßt sich leicht ableiten, daß der Schwingwinkel ψ_0 und der Übertragungswinkel $\mu_{min\,(max)}$ in engem Zusammenhang stehen. Es ist nämlich:

$$2 \cdot \mu_{min\,(max)} + \psi_0 = 180^\circ\,. \tag{3.12}$$

Für diese Grenz-Bedingung muß allerdings $b = 0$ werden, so daß man für praktische Zwecke entweder mit μ_{min} oder ψ_0 kleinere Werte einsetzen muß. Immerhin läßt diese Gleichung erkennen, daß dem dreigliedrigen Schwinghebel-Kurvengetriebe doch Grenzen gesetzt sind, also z. B. ein Schwingwinkel $\psi_0 = 120^\circ$ nur bei $\mu_{min} \leqq 30^\circ$ erreicht werden kann.

3.3.5 Berechnung der Kurvenscheiben-Hauptabschnitte des Schwinghebel-Kurvengetriebes

Nach Festlegen der Hauptabmessungen ψ^* und b des Schwinghebelgetriebes sind sofort auch die Extrem-Kurvenscheibenradien (Bild 3.4) $r_{min} = A_0'B$ und $r_{max} = A_0B$ bekannt. Auch beim Schwinghebelgetriebe sind i.a. die auf der Kurvenscheibe zu messenden Abschnittswinkel φ_{KI} und φ_{KII} nicht mit den zugehörigen Drehwinkeln Φ_I und Φ_{II} der Kurvenscheibe für die Bewegungsabschnitte identisch. Die Rastwinkel φ_{RI} und φ_{RII} sind dagegen genau auf der Kurvenscheibe zu markieren.

Die Winkel β_1, β_2, β_3, β_4 (Bild 3.5) begrenzen auf der Kurvenscheibe, bezogen auf $A_0B_0 = d$ in der Anfangslage, die Rast- und Übergangswinkel. Die Eingangswerte für die Kurvenberechnung sind nunmehr:

d = Gestellänge, b = Rollenhebellänge; ψ^* = äußere Anfangs-Winkellage des Rollenhebels relativ zum Gestell; Φ_I = Kurvenscheibendrehwinkel für die Gleichlaufperiode (Kurvenscheibe und Rollenhebel drehen um ihre Lagerpunkte A_0 und B_0 in gleichem Richtungssinne, positives Übersetzungsverhältnis); φ_{II} = Kurvenscheibendrehwinkel für die Gegenlaufperiode (Kurvenscheibe und Rollenhebel drehen im entgegengesetzten Drehsinne, negatives Übersetzungsverhältnis); φ_{RI} = erster Rastdrehwinkel der Kurvenscheibe (φ_{RII} braucht nicht eingegeben zu werden, da er Φ_I, φ_{RI} und Φ_{II} zu 360° ergänzen muß); ψ_0 = Schwingwinkel des Rollenhebels; r = Rollenradius (positiv für außen-, negativ für innen-berollte Kurvenscheibe). Außerdem müssen für Gleichlauf- und Gegenlaufperiode (um das gleiche Grundprogramm verwenden zu können) verschiedene Zusatz-Kennwerte s und t berücksichtigt werden. Sie werden im Rechenprogramm an mehreren Stellen eingesetzt: Für Gleichlaufbereich $s = +1$; $t = 0$; $\Phi_I = \Phi$, für Gegenlaufbereich $s = -1$; $t = +1$; $\Phi_{II} = \varphi$.

Die Kurvenscheiben-Hauptabschnitte werden nach den Bedienungsanleitungen der Tafel 3.5 ermittelt.

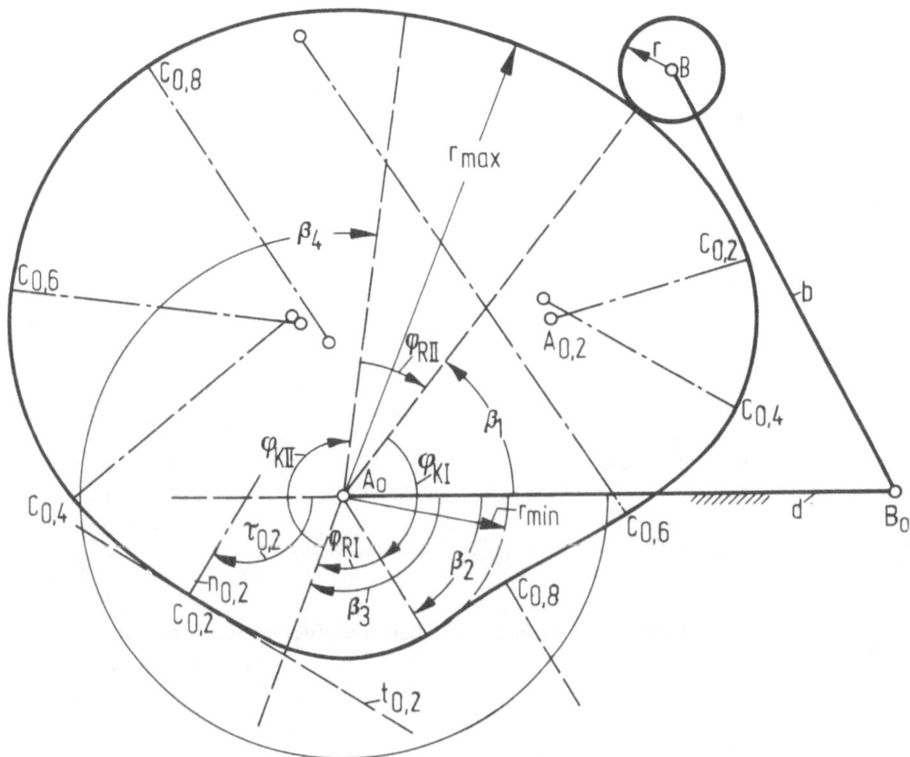

Bild 3.5 Kurvenscheiben-Hauptabschnitte im Schwinghebel-Kurvengetriebe.

3.3.6 Berechnung des Kurvenprofiles des Schwinghebel-Kurvengetriebes

Den Berechnungen wurde ein rechtwinkliges Koordinatensystem mit dem Ursprung A_0 (Drehpunkt der Kurvenscheibe) und dem Gestell $A_0 B_0 = d$ als Abszisse zugrunde gelegt (Bild 3.6). Vereinbarungsgemäß soll als Anfangslage immer der Beginn der Bewegung im Gleichlaufbereich festgelegt werden. Die Kurvenscheibe soll im positiven Sinne, also im Gegen-Uhrzeigersinne, drehen.

Mit den Bezeichnungen des Bildes 3.6 berechnen sich [3.7]: Die vom jeweiligen Teilungsfaktor z abhängige Rollenhebellage

$$\psi = \psi^* + \psi_0 \left[t + s \left(z - \frac{\sin (z \cdot 360)}{2\pi} \right) \right], \tag{3.13}$$

das augenblickliche Übersetzungsverhältnis (Quotient der Winkelgeschwindigkeiten des Rollenhebels und der Kurvenscheibe):

$$i = \frac{s \cdot \psi_0 \left[1 - \cos (z \cdot 360) \right]}{\Phi}, \tag{3.14}$$

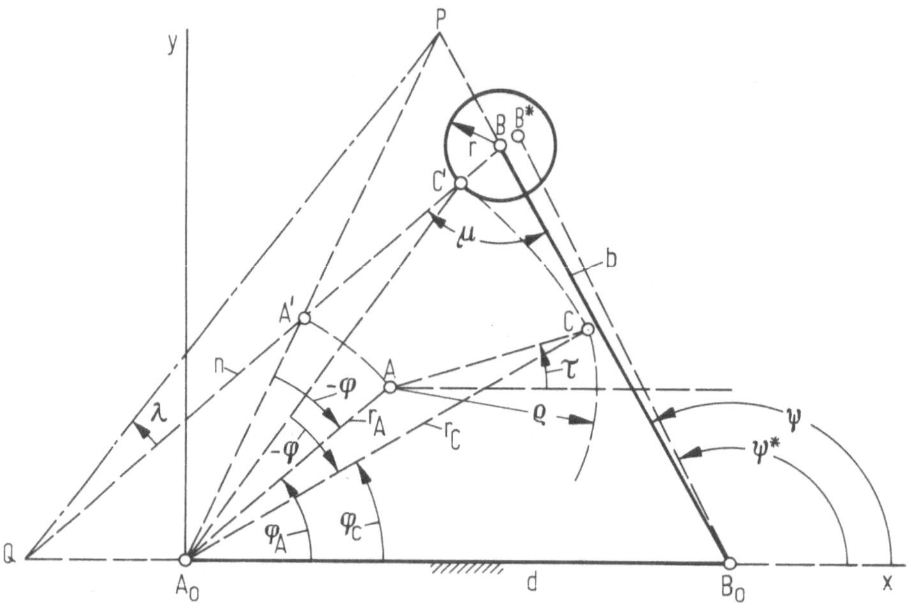

Bild 3.6 Geometrische Grundlagen zur Berechnung des Kurvenprofiles im Schwinghebel-Kurvengetriebe.

der Abszissenwert des Relativpoles Q: ($y_Q = 0$)

$$x_Q = \frac{d}{1 - \frac{1}{i}} . \tag{3.15}$$

Mit der Kurvennormalen QB ist eindeutig und genau die augenblickliche Rollenlage relativ zum Kurvenprofil festgelegt. Es braucht also nicht, wie oft noch üblich, der Umweg über die „äquidistante" Kurve mit der Hüllkurve als Annäherung gegangen zu werden.

Der Kollinationswinkel

$$\lambda = s \cdot \arctan \frac{i\,(1 - i) \cdot \Phi^2}{\psi_0 \cdot 360 \cdot \sin\,(z \cdot 360)} . \tag{3.16}$$

Mit dem Winkel λ findet man den Pol P auf B_0B. Den Krümmungsmittelpunkt A' bestimmt man als Schnittpunkt von QB mit A_0P [3.7].

Der Rückdrehwinkel

$$\varphi = z \cdot \Phi + t\,(\Phi_I + \varphi_{RI}) . \tag{3.17}$$

Dieser Winkel wird gebraucht, um die in der Grundstellung errechneten Lagen von C' und A' in die Kurvenscheiben-Ebene mit $-\varphi$ in die wahren Lagen C und A zu transformieren. Gleichzeitig gibt die Neigung von AC mit dem Winkel τ als Richtung der Kurven-Normalen n auch die Tangentenrichtung an. Der Übertragungswinkel μ liegt zwischen der Schwinghebel-Mittenlinie b und der Normalen n.

Der Rechenablauf für das Kurvenprofil ist aus Tafel 3.6 ersichtlich.

3.4 Übergangskurven für Kurvengetriebe

3.4.1 Die Übergangskurven

In den vorangegangenen Beispielen wurde als Übergangskurve die geneigte Sinoide verwendet. Es gibt noch eine ganze Reihe weiterer Übergangskurven [3.1], die sowohl für Rast-Rast-Bewegungen als auch für Umkehr- in Umkehr-Bewegungen und deren Kombinationen Geltung haben. Wenn lediglich auf die Maximalbeschleunigung geachtet wird, so liefert das Gesetz der quadratischen Parabel mit konstant bleibender Beschleunigung das kleinste Maximum. Dafür hat sie aber Beschleunigungssprünge, die erfahrungsgemäß für höhere Ansprüche zu vermeiden sind. Deshalb wurden andere Gesetze, z.B. das der „5. Potenz" und das des „Beschleunigungstrapezes" entwickelt. Es gibt Hinweise [3.1], in welchen Richtungen diese Gesetze im Vergleich miteinander größere oder kleinere Vorteile aufweisen.

In Groß-Rechenanlagen werden i.a. in einem einzigen Großprogramm möglichst alle irgendwann einmal zu benutzenden Übergangsgesetze als Unterprogramme eingebaut. Dies erfordert zwar eine aufwendige und langwierige Programmierung, hat aber den Vorzug, sofort Vergleiche zwischen den Auswirkungen der Übergangsgesetze anstellen zu können und im übrigen die Gesamt-Handhabung vollautomatisieren zu können.

Bei der Benutzung des Kleinrechners als persönliches Werkzeug des Konstrukteurs empfiehlt sich, die Programme jeweils für jede Übergangskurve auf eine oder mehrere Karten unterzubringen. Das Gesetz „Beschleunigungstrapez" ist eines der längsten Übergangskurven-Programme [3.1]. Es besteht aus sechs voneinander abgegrenzten Teilbereichen und soll als Beispiel beschrieben werden.

3.4.2 Das Beschleunigungs-Trapez

Die Gleichungen für das Beschleunigungs-Trapez sind in sechs Teilabschnitten erfaßbar [3.1]:

$$0 < z < 0{,}125\,, \tag{3.18}$$

$$f_1 = \frac{2}{\pi + 2}\left[z - \frac{1}{4\pi}\,(720 \cdot z)\right]\,, \tag{3.18a}$$

$$f_1' = \frac{2}{\pi + 2}\,[1 - \cos\,(720 \cdot z)]\,, \tag{3.18b}$$

$$f_1'' = \frac{8\pi}{\pi + 2}\sin\,(720 \cdot z)\,, \tag{3.18c}$$

$$0{,}125 < z < 0{,}375\,, \tag{3.19}$$

$$f_2 = \frac{1}{\pi + 2}\left[4 \cdot \pi \cdot z^2 + (2 - \pi)\,z + \frac{\pi^2 - 8}{16 \cdot \pi}\right]\,, \tag{3.19a}$$

$$f_2' = \frac{1}{\pi + 2}\,(8\,\pi \cdot z + 2 - \pi)\,, \tag{3.19b}$$

$$f_2'' = \frac{8\pi}{\pi + 2}\,, \tag{3.19c}$$

$$0{,}375 < z < 0{,}5\,, \tag{3.20}$$

$$f_3 = \frac{2}{\pi + 2} \left\{ (\pi + 1)\, z - \frac{1}{4\,\pi} \cdot \sin\,[720\,(z - 0{,}25)] - \frac{\pi}{4} \right\} . \tag{3.20a}$$

$$f_3' = \frac{2}{\pi + 2} \{\pi + 1 - \cos\,[720\,(z - 0{,}25)]\} , \tag{3.20b}$$

$$f_3'' = \frac{8\,\pi}{\pi + 2} \sin\,[720\,(z - 0{,}25)] , \tag{3.20c}$$

$$0{,}5 < (1 - z) < 0{,}625 , \tag{3.21}$$

$$f_4 = 1 - f_3 , \tag{3.21a}$$

$$f_4' = f_3' , \tag{3.21b}$$

$$f_4'' = - f_3'' , \tag{3.21c}$$

$$0{,}625 < (1 - z) < 0{,}875 , \tag{3.22}$$

$$f_5 = 1 - f_2 , \tag{3.22a}$$

$$f_5' = f_2' , \tag{3.22b}$$

$$f_5'' = - f_2'' , \tag{3.22c}$$

$$0{,}875 < (1 - z) < 1 , \tag{3.23}$$

$$f_6 = 1 - f_1 , \tag{3.23a}$$

$$f_6' = f_1' , \tag{3.23b}$$

$$f_6'' = - f_1'' . \tag{3.23c}$$

Bild 3.7 zeigt die Verläufe von f, f', f'' mit zeitweise konstantem f'' und dadurch bedingter geringer Maximalbeschleunigung. Wie die Gln. (3.21) bis (3.23) erkennen lassen, sind für $z > 0{,}5$ die f'-Werte dieselben geblieben wie für $z < 0{,}5$, während f nur durch die Differenz mit 1 und f'' durch Vorzeichenwechsel darstellbar sind.

3.4.3 Flußplan für das Rechenprogramm des Beschleunigungstrapezes

Das Rechenprogramm soll nach Eingabe jeden beliebigen Teilfaktors z automatisch die f-Werte zur Verfügung stellen. Hier können besonders vorteilhaft die If-Schranken, d.h. die bedingten Verzweigungen, als Entscheidungsbefehle verwendet werden.

Nach dem Flußplan, Bild 3.8, werden zunächst, um Programmierplätze einzusparen, einige in den Beschleunigungs-Trapez-Gleichungen wiederkehrende Zwischenwerte h_1 bis h_4 im Zwischenspeicher festgehalten.

Danach erfolgt die Verzweigung für $z > 0{,}5$ mit der Umkehrung $1 - z = z$ und dem Speichern eines Kennwertes $1 = k$, anschließend die Rückkehr zum Hauptprogramm. Hier werden nun die drei Verzweigungen $z < 0{,}125$; $z < 0{,}375$ und $z < 0{,}5$ mit der f-Werte-Berechnung in den drei Gruppen der Gln. (3.18), (3.19) und (3.20) verwirklicht.

Ist jeweils $k = 0$, was zu Beginn jeder Einzelrechnung eingegeben wird, so wird unmittelbar in das Print-Unterprogramm für z, f, f' und f'' weitergeleitet. Ist aber $k = 1$ (für $z > 0{,}5$), so werden erst $1 - f = f$ und $-f'' = f''$ in einem weiteren Unterprogramm umgerechnet und dann in das Print-Programm weitergeleitet. Schließlich wird noch mit der einzugebenden Schrittweite Δz und mit

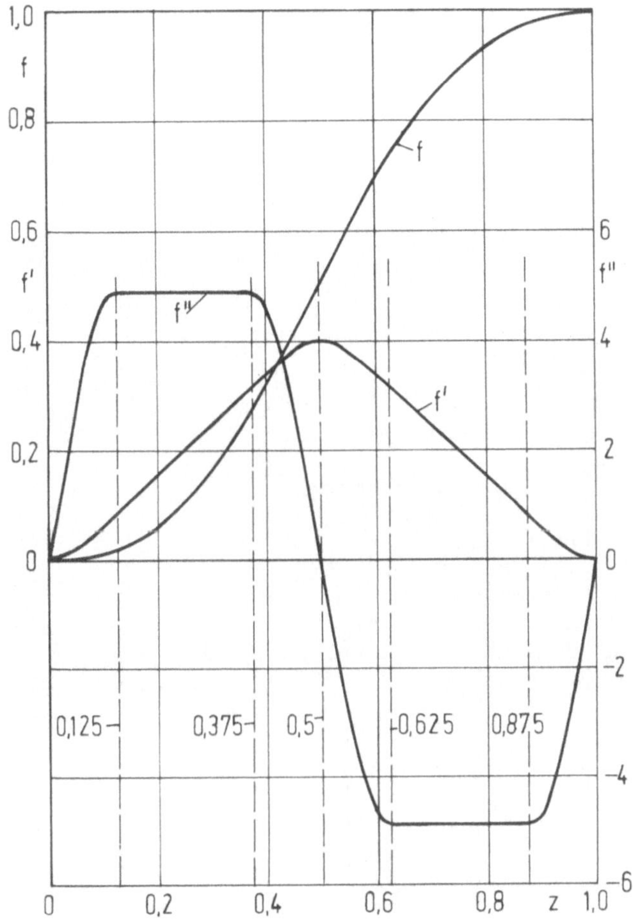

Bild 3.7 Bezogene f-Werte des Beschleunigungs-Trapezes.

dem Rücksprung auf den Programmanfang ein Laufprogramm vorgesehen, das bei Überschreiten von $z > 1$ von Hand (oder auch durch eine weitere Verzweigung) gestoppt wird. Will man aber nur für einen bestimmten Wert z die Rechenergebnisse haben, braucht man nur $\Delta z = 0$ einzustellen, und der Rechner stoppt nach Durchlaufen des Programmes automatisch.

Die Bedienungsanleitung und das Rechenprogramm sind in den Tafeln 3.7 enthalten. Mit diesem Programm läßt sich mühelos eine Übersichtstafel mit beliebig kleinen Schrittweiten ausdrucken. Tafel 3.8 zeigt eine solche Übersicht für die Schrittweite $\Delta z = 0{,}05$.

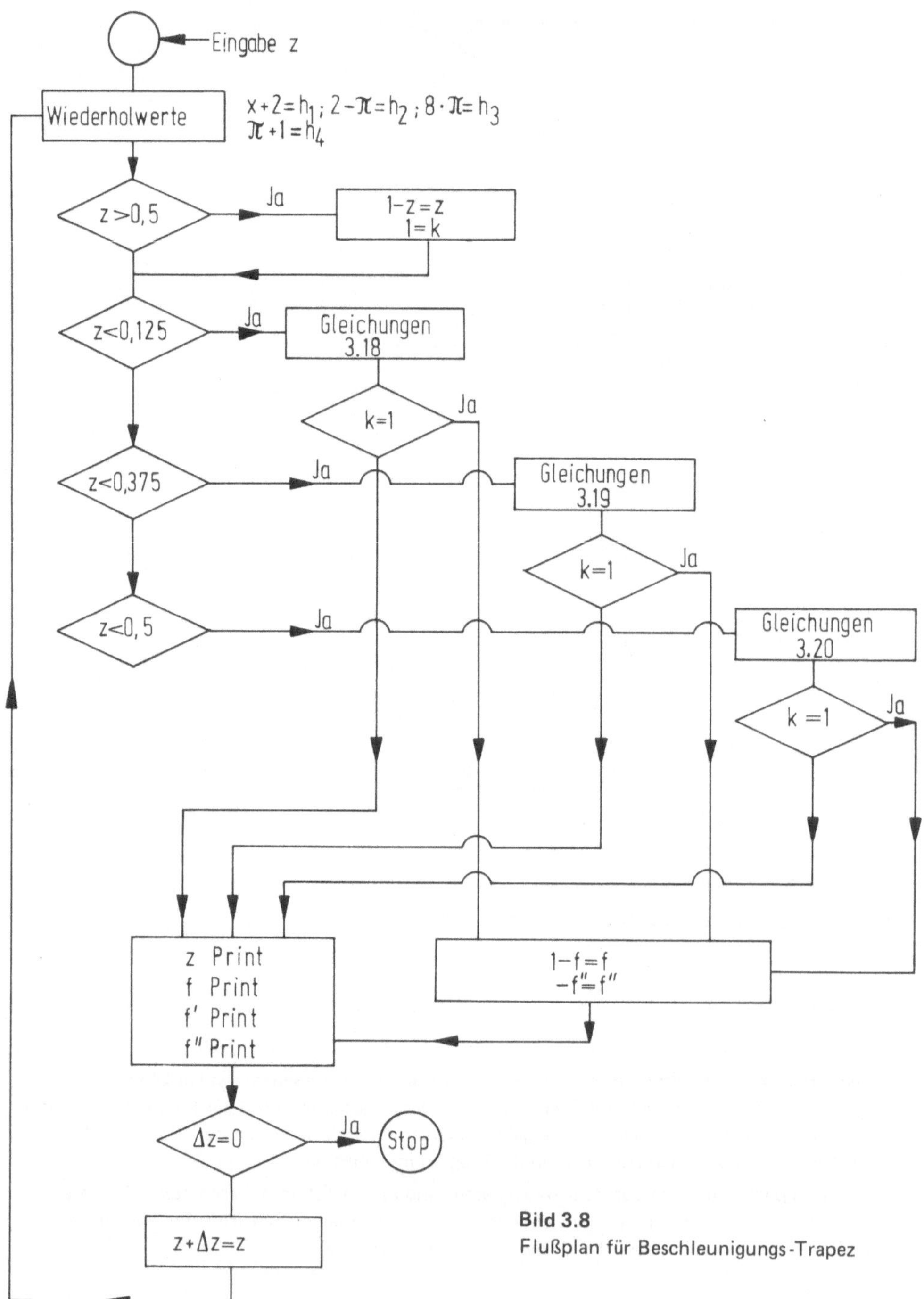

Bild 3.8
Flußplan für Beschleunigungs-Trapez

Tafel 3.8: Übersichtstafel für Beschleunigungs-Trapez mit Schrittweite Δz = 0,05

z	f	f'	f"
0.000000000	0.000000000	0.000000000	0.000000000
0.050000000	0.001254684	0.074289435	2.873167058
0.100000000	0.009459064	0.268781695	4.648881957
0.150000000	0.028920813	0.511187624	4.888123763
0.200000000	0.060590349	0.755593812	4.888123763
0.250000000	0.104480194	1.000000000	4.888123763
0.300000000	0.160590349	1.244406188	4.888123763
0.350000000	0.228920813	1.488812376	4.888123763
0.400000000	0.309459064	1.731218300	4.648881957
0.450000000	0.401254684	1.925710565	2.873167058
0.500000000	0.500000000	2.000000000	0.000000000
0.550000000	0.598745316	1.925710565	-2.873167058
0.600000000	0.690540936	1.731218300	-4.648881957
0.650000000	0.771079187	1.488812376	-4.888123763
0.700000000	0.839409651	1.244406188	-4.888123763
0.750000000	0.895519806	1.000000000	-4.888123763
0.800000000	0.939409651	0.755593812	-4.888123763
0.850000000	0.971079187	0.511187624	-4.888123763
0.900000000	0.990540936	0.268781695	-4.648881957
0.950000000	0.998745317	0.074289435	-2.873167058
1.000000000	1.000000000	0.000000000	0.000000000

3.5 Kurvengetriebe für höhere Anforderungen

Bei „offenen" Kurven getrieben wird mit Hilfe einer Feder die sichere Berührung zwischen Kurve und Rolle durch Kraftschluß erzeugt. Bild 3.9 zeigt eine Grundkurve C_A und eine den Formschluß erzeugende Gegenkurve C_B, eine Kombination, wie sie neuerdings in großer Zahl wegen des Wegfalls der sonst notwendigen, mit beachtlichen Nachteilen behafteten Andruckfeder verwendet werden. Für beide Kurven lassen sich mit der q-Kurve die Hauptabmessungen ψ_A^*, b_A und ψ_B^*, b_B z. B. so bestimmen, daß an jeder Kurve sowohl im Hin- als auch im Rückgang gleich große Kleinst-Übertragungswinkel (im Beispiel 45°), hier also viermal, auftreten. Die Symmetrie in der Bewegung führt allerdings nicht zu allseitig symmetrischen Kurven, wenn die Rastperioden unterschiedliche Länge haben. Spiegelbildlich deckungsgleich sind nur die Übergangs-Kurvenbögen. Der Winkel γ für die Rollenhebelversetzung und der entsprechende Kurvenversetzungswinkel sind ohne Zwischenrechnungen erhältlich. Die relativen Versetzungen der Rastwinkel φ_{R1} und φ_{R2} an beiden Kurven werden im Vorprogramm angezeigt [3.8].

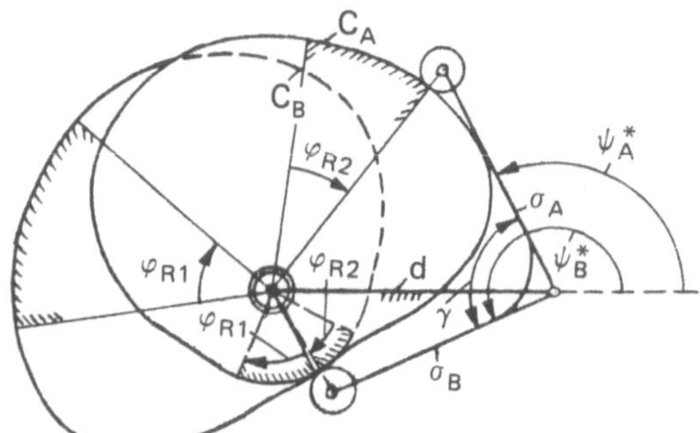

Bild 3.9
Übertragungsgünstigstes Gegenkurvengetriebe zur Erzeugung des Formschlusses.

Bei der Wulstkurve des Bildes 3.10 kommt es darauf an, die Rollen in gleicher Bewegungsebene so nahe wie möglich aneinander unterzubringen. Die schmalste Stelle der Wulstkurve läßt sich schon vor der eigentlichen Kurvenberechnung an der Form der q-Kurve und an der Rollenanordnung abgreifen. Eine Nachprüfung oder womöglich die Herstellung eines Versuchsmodells erübrigen sich bei allen diesen Kurven, weil der im Programm eingegebene für jedes Profil gleich große Kleinst-Übertragungswinkel auch als Sicherheits-Kennwert gegen die Klemmgefahr angesehen werden kann [3.9].

Das Getriebe nach Bild 3.11 erzeugt den gleichen Bewegungsablauf wie die Getriebe nach den Bildern 3.9 und 3.10. Die Kurvenscheibe läuft für eine Periode zweimal um, ihre Bewegungswinkel brauchen deshalb nur mit dem doppelten Betrag wie bisher eingegeben zu werden. Die Antriebsdrehzahlen müssen also nur auf den halben Betrag oder auch gar nicht reduziert werden. Die q-Kurve läßt erkennen, daß der Übertragungswinkel in wesentlich günstigeren Grenzen gehalten werden kann. Wenn bei dem „eintourigen" Kurvengetriebe der Maximal-Kurvenscheibenradius konstruktive Rücksichten z. B. hinsichtlich des Überstreichens des Abtriebshebel-Drehpunktes verlangt, so kann hier auch der Minimalradius, weil er (ein günstiges Merkmal für den Platzbedarf!) den Nabendurchmesser der Kurvenscheibe zu stark einengt. Es ergibt sich hier die willkommene Möglichkeit, zwischen Maximal- und Minimalradius vermitteln zu können. Der Kurveneingriff wird durch ein Führungs-Schiffchen hergestellt, das an der Kreuzungsstelle die ordnungsgemäße

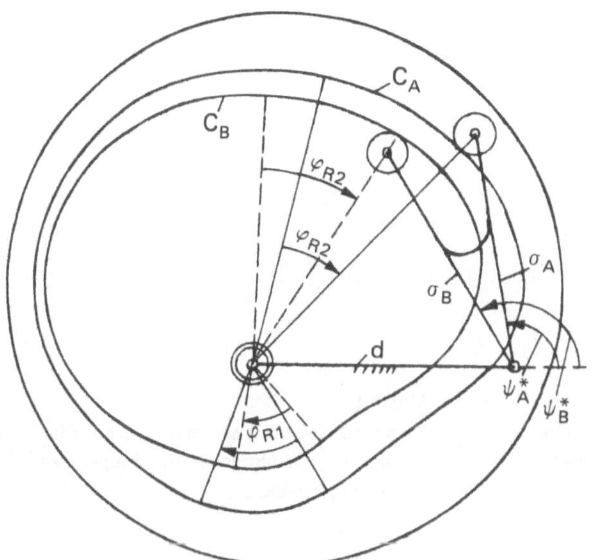

Bild 3.10 Wulstkurvengetriebe mit Doppel-Schwinghebel.

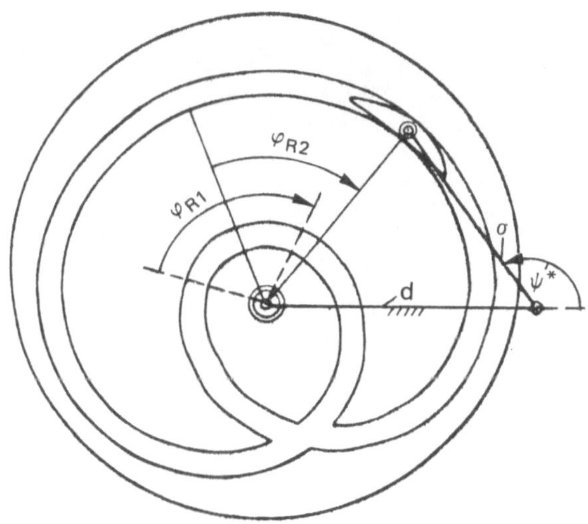

Bild 3.11 Kurvengetriebe mit zwei Umdrehungen der Kurvenscheibe für eine Schwingbewegung des Abtriebshebels.

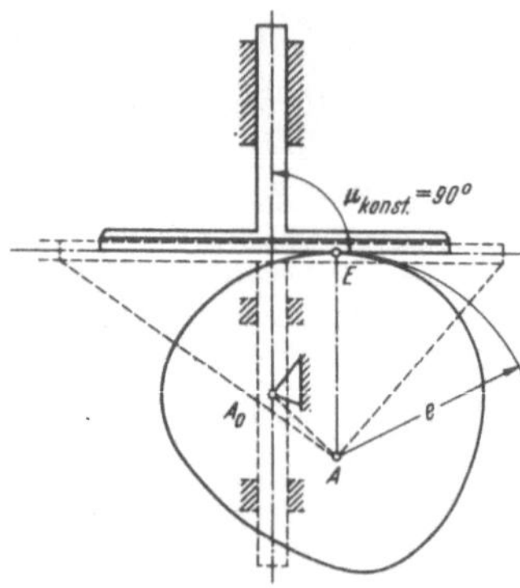

Bild 3.12
Kurvengetriebe mit rechtwinkligem Flachstößel. Rechtwinklige Kreuzschubkurbel als Ersatzgetriebe.

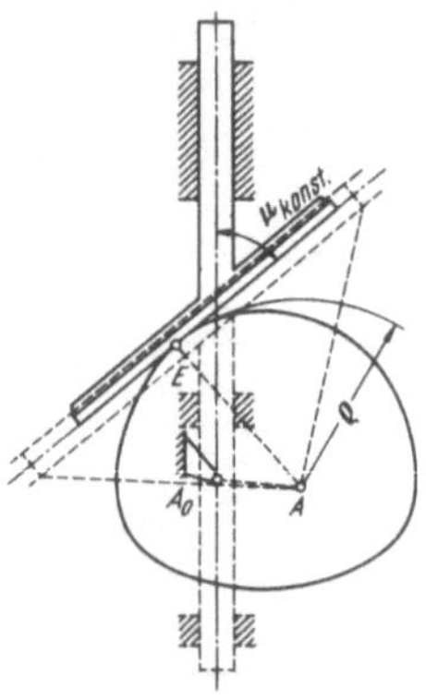

Bild 3.13
Kurvengetriebe mit schiefwinkligem Flachstößel. Schiefwinklige Kreuzschubkurbel als Ersatzgetriebe.

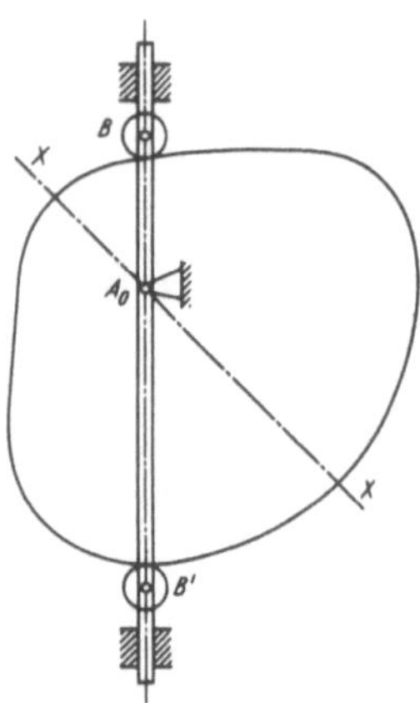

Bild 3.14
Kurvengetriebe mit Formschluß durch Kurve mit konstantem Durchmesser.

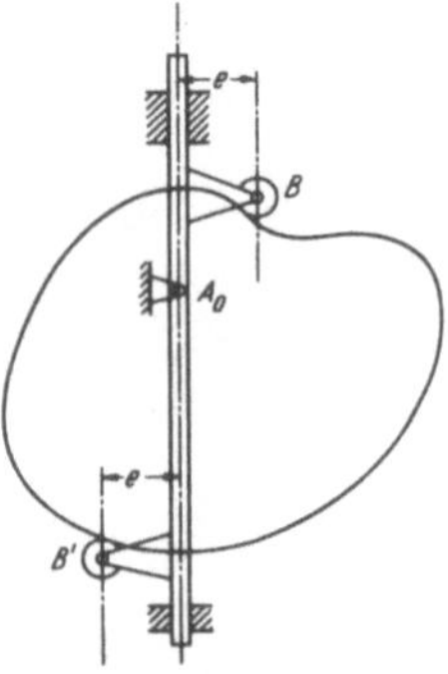

Bild 3.15
Kurvengetriebe mit Formschluß durch symmetrisch versetzte Rollen.

Führung garantiert. Durch Variation der Hauptabmessungen kann man erreichen, daß die Forderung nach einem möglichst nahe an 90° liegenden Kreuzungswinkel am besten erfüllt wird. Für die Formgebung des Schiffchens sind Größt- und Kleinst-Krümmungsradius der Nutkurve die maßgeblichen Kenngrößen.

Kurvengetriebe mit Tellerstößel werden in großem Maße als Ventilantriebe verwendet (Bild 3.12). Wegen des einfachen Kreuzschubkurbelgetriebes als Ersatzgetriebe wird auch das Rechenprogramm wesentlich einfacher. Hier spielt der Übertragungswinkel nicht mehr die Rolle für die Hauptabmessungen, sondern vielmehr der Krümmungsradius; denn das Kurvenprofil muß ja immer konvex bleiben. Jedes Kurvengetriebe mit schiefwinkligem Flachschubstößel (Bild 3.13) kann als Getriebe mit rechtwinkligem Flachschubstößel mit dem Verkleinerungsmaß $\sin\mu$, d.h. mit dem Sinus des Schrägungswinkels, konstruiert werden [3.10]. Das Getriebe des Bildes 3.13 erzeugt mit seinem geringeren Platzbedarf gegenüber denjenigen des Bildes 3.12 denselben Hub am Tellerstößel.

Kurvengetriebe mit Kurvenscheiben konstantem Durchmessers kann es für eine Umdrehungsperiode nur für Schubabtrieb geben [3.11]. Für diese Getriebe gelten einschränkende Bedingungen hinsichtlich der Aufgabenstellung. Bild 3.14 zeigt ein zentrisches Getriebe, Bild 3.15 ein Getriebe mit Versetzung e, die wiederum eine Platzersparnis bewirkt. Das Gleichdick-Kurvenschleifengetriebe (Bild 3.16) hat ebenfalls Formschluß. Es hat immer einen Kurz- und einen Langhub, und nur für einen dieser Teilbereiche läßt sich ein Teil-Bewegungsgesetz, allerdings hier mit allen bekannten Vorzügen, verwirklichen [3.12].

Für symmetrische Abtriebsbewegungen mit Schubabtrieb eignen sich ebenfalls sehr gut Getriebe mit Gleichdick-Kurven [3.12], und hier kann wegen der günstigen Schmierverhältnisse das Getriebe mit konkavem Abtriebsschieber noch eine Bedeutung erlangen [3.13].

Man kann auch mit einem dreigliedrigen Kurvengetriebe Rasten erzeugen, bei dem der Rollenhebel umläuft und eine Kurvenkulisse hin- und herschwingt [3.13]. Mit einem solchen Getriebe sind auch Schrittbewegungen möglich [3.13]. Wenn allerdings das gesamte Schritt-Bewegungsgesetz zu erfüllen ist, muß man zu mehrgliedrigen Kurvengetrieben übergehen (Bild 3.17). Hierfür eignen sich auch Kombinationen aus Kurven- und Umlaufrädergetrieben (Bild 3.18).

Da man aber in vielen Fällen, insbesondere bei kleineren Schwingwinkeln des Abtriebsgliedes, einen sich aus den gezeigten Konstruktionen ergebenden günstigen Übertragungswinkeln gar nicht in Anspruch zu nehmen braucht, bleibt ein mehr oder weniger großes „Lösungsfeld" zur weiteren Verfügung.

Hier bietet sich nun die Suche nach demjenigen Kurvenprofil an, das einen vorgeschriebenen Kleinstwert des Übertragungswinkels nicht unterschreitet und außerdem die kleinste Kontaktkraft zwischen Rolle und Kurvenscheibe erzeugt. Da die genaue Herstellung der Kurvenscheiben den größten Kostenfaktor der Kurvengetriebe darstellt, liegt die Frage nahe, wie weit es gelingt, dieselbe Kurvenscheibe mit veränderlichen Getriebe-Abmessungen verwenden zu können. Auf alle Fälle behalten solche Kurvenscheiben, wenn sie im Ausgangsgetriebe beschleunigungs-sprungfreie Übergänge garantieren, auch im abgewandelten Getriebe diese günstige Eigenschaft.

Eine wichtige Rolle spielt bei den Übergangs-Kurvenprofilen der kleinste Krümmungshalbmesser, vor allem bei Berücksichtigung der Hertzschen Pressung und der Walzpressung, so daß das erwähnte Lösungsfeld innerhalb des Bereiches des zulässigen Übertragungswinkels μ_{min} zum Entwurf des „krümmungsgünstigsten" Kurvengetriebes, also des Getriebes mit größtem Kleinst-Krümmungsradius, ausgenutzt werden kann.

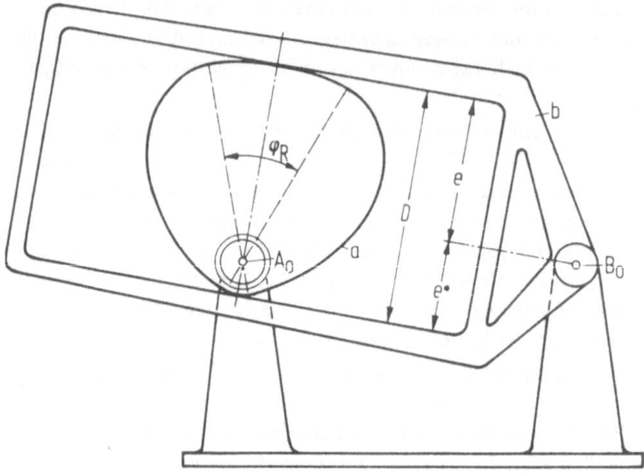

Bild 3.16 Formschlüssige Bewegungs- und Kräfteübertragung im Gleichdick-Kurvenschleifengetriebe bei gegebener Übergangskurve für Kurzhub.

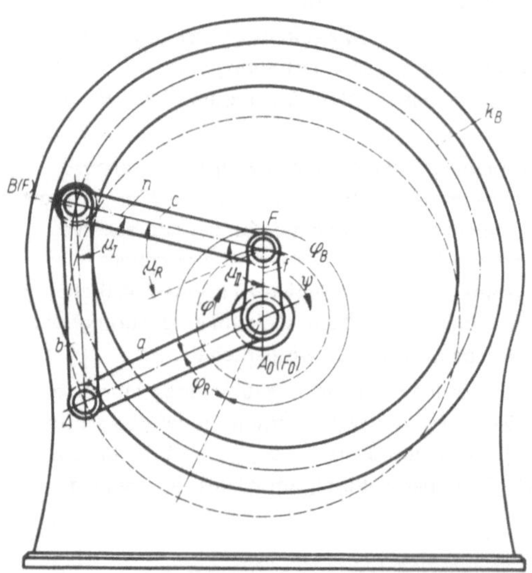

Bild 3.17 Kurven-Kurbelgetriebe mit feststehender Kurve als Schrittgetriebe für gegebene Übergangskurve.

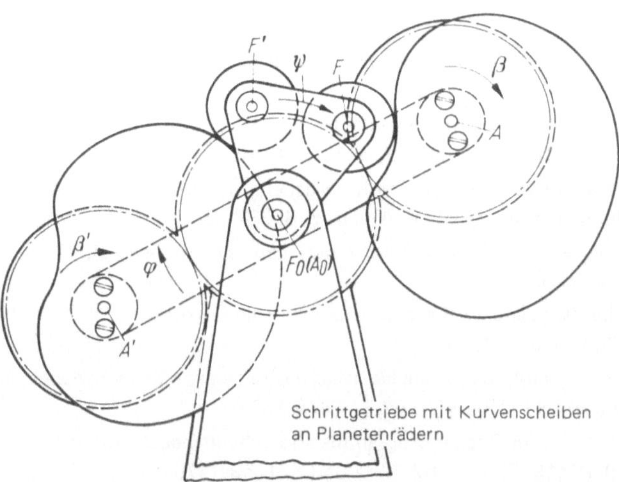

Bild 3.18 Kombiniertes Planeten-Kurvengetriebe als Schrittgetriebe mit Formschluß durch Gegenkurve.

3.6 Schrifttum

[3.1] – – Bewegungsgesetze für Kurvengetriebe. Theoretische Grundlagen, VDI-Richtlinie 2143, Düsseldorf 1977.

[3.2] *Hain, K.*, Rechnerisches Bestimmen der Hauptabmessungen dreigliedriger Kurvengetriebe mit Schubstößel, Maschinenmarkt 81 (1975) Nr. 72, S. 1351/1354.

[3.3] *Hain, K.*, Entwurf dreigliedriger Kurven-Rastgetriebe für gegebene Übergangsfunktionen und deren Ableitungen, technica (Schweiz) 19 (1970) Nr. 5, S. 327/334.

[3.4] *Hain, K.*, Bestimmen der Kurvenkrümmungen in Kurvengetrieben mit Schubstößel, Maschinenmarkt 81 (1975) Nr. 1, S. 7/10.

[3.5] *Hain, K.*, Kurvengetriebe: Übergangsgüte als Kennwert für optimale Getriebe, Maschinenmarkt 76 (1970) Nr. 37, S. 791/796.

[3.6] *Hain, K.*, Zeichnungsfolge-Rechenmethode für die Hauptabmessungen von Schwinghebel-Kurvengetrieben, Maschinenmarkt 81 (1975) Nr. 94, S. 1875/1878.

[3.7] *Hain, K.*, Geometrische Grundlagen für Rechenprogramme von Schwinghebel-Kurvengetrieben, technica (Schweiz) 19 (1975), S. 1457/1462 und S. 1469/1470.

[3.8] *Hain, K.*, Entwurf übertragungsgünstigster Gegenkurven-Rastgetriebe mit Doppel-Schwinghebel, technica (Schweiz) 20 (1971) Nr. 8, S. 691/695.

[3.9] *Hain, K.*, Bewegungsabläufe rechnerisch festgelegt, VDI-Nachrichten (1979) Nr. 37, S. 26.

[3.10] *Hain, K.*, Möglichkeiten und Grenzen dreigliedriger Kurvengetriebe mit Gleitbewegung im Kurvengelenk, TZF. prakt. Metallbearb. 65 (1971) H. 10, S. 480/487.

[3.11] *Hain, K.*, Dreigliedrige formschlüssige Kurven-Rastgetriebe mit Gleichdick-Kurvenscheiben, technica (Schweiz) 22 (1973) Nr. 4, S. 223/228; 235/240; 247/252; 259/260.

[3.12] *Hain, K.*, Gleichdick-Kurvenschleifen-Getriebe, Erzeugung von Schwingbewegungen mit Rasten und Totlagen, antriebstechnik 14 (1975) Nr. 11, S. 630/636.

[3.13] *Hain, K.*, Getriebebeispiel-Atlas, Düsseldorf 1973, VDI-Verlag.

Tafelwerk für UPN-Rechner (HP 97)

In den Bedienungsanleitungen des Tafelwerks befinden sich Bildbezeichnungen. Diese beziehen sich auf die entsprechenden Bilder des Textteils. Sie sollen helfen, den aufgeführten Zeichen der Rechnerausdrucke die jeweiligen Bilder zuzuordnen.

Tafel H 2.1 Bedienungsanleitung für Schubkurbel

Nr.	Anweisung	Werte	Tasten
1	Seite 1 und 2 von Karte "Schubkurbel" einlesen		
2	2 Eingangswerte (b = 1)	a e	Sto 2 Sto 6
3	Ausdrucken der Eingangswerte Schrieb-Nr. 1.0 a 0.54000 *** b 1.00000 e 0.33000 *** Bild 2.1		E
4	Berechnen und Ausdrucken der Hauptbewegungen Schrieb-Nr. 1.1 s_0 1.18376 *** φ_0 146.53411 *** μ_{min} 29.54136 *** Bild 2.1		D
5	Eingabe des Anfangswinkels der Schrittweite	φ $\Delta\varphi$	Sto 1 Sto 0
6	Starten des Laufprogrammes		A
7	Laufprogramm stoppt automatisch nach Überschreiten φ > 360°		

Schrieb-Nr. 1.2	1.2	1.2	1.2
φ 1.000000000-07 ***	120.00000 ***	240.00000 ***	360.00000 ***
s 1.48398 ***	0.33312 ***	0.72048 ***	1.48398 ***
m 0.18878 ***	0.11056 ***	-0.43013 ***	0.18878 ***
a_B/ω_a^2 0.88666 ***	-0.55620 ***	-0.25997 ***	0.88666 ***

Bild 2.2

Tafel H 2.1.1 Rechenprogramm für Schubkurbel

```
*LBLE
DSP1
1
.
PRTX
DSP5
RCL2
PRTX
1
PRTX
RCL6
PRTX
RTN
-----
*LBLD
DSP1
1
.
1
PRTX
FIX
DSP5
1
RCL2
+
X²
RCL6
X²
-
√X
1
RCL2
-
X²
RCL6
X²
-
√X
-
PRTX
RCL6
1
RCL2
-
÷
COS⁻¹
RCL6
1
RCL2
+
÷
COS⁻¹
-
1
8
6
+
PRTX
RCL2
RCL6
+
COS⁻¹
PRTX
RTN
-----
*LBLA
DSP1
1
.
2
PRTX
FIX
DSP5
RCL1
PRTX
RCL6
RCL2
RCL1
SIN
×
+
SIN⁻¹
STO3
COS
RCL2
RCL1
COS
×
+
STO4
PRTX
RCL3
TAN
×
RCL6
-
STO5
PRTX
RCL4
RCL1
TAN
×
RCL6
+
STO3
RCL6
-
RCL5
-
RCL4
÷
STO3
RCL5
RCL6
+
RCL4
CHS
÷
STO4
CHS
RCL3
+
1
RCL3
RCL4
×
+
÷
1/X
RCL5
×
PRTX
RCL1
3
6
0
-
X>0?
GTOC
RCL1
RCL0
+
STO1
GTOA
-----
*LBLC
R/S
RTN
R/S
```

Tafel H 2.2 Bedienungsanleitung für Funktions-Gelenkvierecke

Nr.	Anweisung	Werte	Tasten
1	Seite 1 und 2 von Karte 1 einlesen		
2	Eingangswerte	a b c d s	Sto 2 Sto 3 Sto 4 Sto 5 Sto 6
3	Ausdrucken der Eingangswerte		E

Schrieb-Nr. 1.0		
a	30.00000	***
b	55.00000	***
c	40.00000	***
d	60.00000	***
s	1.00000	***

Bild 2.3

Nr.	Anweisung	Werte	Tasten
4	Seite 1 und 2 von Karte 2 einlesen		
5	Berechnung und Ausdrucken der Hauptbewegungen		D
6	Seite 1 und 2 von Karte 1 einlesen		
7	Ausdrucken der Eingangswerte		E
8	Anfangs-Kurbelwinkel Schrittweite für Kurbelwinkel	φ $\Delta\varphi$	Sto 1 Sto 0
9	Berechnen und Ausdrucken der Übertragungsfunktionen		A

Schrieb-Nr. 1.1		
μ_i	32.15721	***
μ_a	142.16428	***
	.00000	
φ^*	25.25583	***
φ_0	183.69920	***
ψ_0	97.34058	***
	.00000	
δ_i''	8.64586	***
δ_a''	74.84901	***
δ_0	66.20314	***
	.00000	
φ_i''	124.22887	***
φ_a''	310.67637	***

Bild 2.3, 2.4, 2.5

Schrieb-Nr. 1.0		
a	30.00000	***
b	55.00000	***
c	40.00000	***
d	60.00000	***
s	1.00000	***

Bild 2.3

Schrieb-Nr. 1.2		1.2		1.2	
φ	1.000000000-07	*** 120.00000	***	240.00000	***
ψ_c	77.36437	*** 121.04480	***	-200.74199	***
δ	45.20717	*** 8.66888	***	46.88209	***
i	-1.00000	*** 0.75551	***	-0.18408	***
α_c/ω_a^2	1.98559	*** -0.05988	***	-0.27197	***

Bild 2.6

Nr.	Anweisung	Werte	Tasten
10	Beendigung des Laufprogrammes nach Wahl und Einsicht in gedruckte Ergebniswerte		R/S

Tafel H 2.2.1 Rechenprogramm für Funktions-Gelenkviereck, Karte 1

```
*LBLA
DSP1
1
.
2
PRTX
DSP5
RCL1
PRTX
ENT↑
RCL2
→R
P⇄S
STO1
X⇄Y
STO2
ENT↑
RCL1
P⇄S
RCL5
-
P⇄S
→P
STO3
X⇄Y
STO4
RCL3
X²
P⇄S
RCL4
X²
+
RCL3
X²
-
2
÷
P⇄S
RCL3
÷
P⇄S
RCL4
÷
COS⁻¹
CHS
RCL6
×
P⇄S
RCL4
+
P⇄S
STO8
PRTX
RCL5
RCL1
TAN
1/X
RCL8
TAN
1/X
-
÷
P⇄S
STO3
P⇄S
RCL1
TAN
÷
P⇄S
STO4
P⇄S
RCL8
ENT↑
RCL4
→R
RCL5
+
P⇄S
STO5
X⇄Y
STO6
RCL2
-
RCL5
RCL1
-
÷
P⇄S
TAN⁻¹
STO7
PRTX
TAN
1/X
P⇄S
RCL2
×
CHS
RCL1
+
P⇄S
STO9
1/X
RCL5
×
CHS
1
+
1/X
STOI
PRTX
P⇄S
RCL3
ENT↑
RCL4
P⇄S
RCL9
-
→P
X⇄Y
RCL7
-
TAN
1/X
RCLI
×
1
ENT↑
RCLI
-
×
PRTX
RCL1
RCL0
+
STO1
GTOA
RTN
*LBLE
DSP1
1
.
0
PRTX
DSP5
RCL2
PRTX
RCL3
PRTX
RCL4
PRTX
RCL5
PRTX
RCL6
PRTX
RTN
*LBLC
4
0
STO1
3
0
STO2
5
5
STO3
4
0
STO4
6
0
STO5
1
STO6
RTN
R/S
```

Tafel H 2.2.2 Rechenprogramm für Funktions-Gelenkviereck, Karte 2

001	*LBLD	061	÷	121	-	181	-
002	DSP1	062	RCL5	122	2	182	X^2
003	1	063	÷	123	÷	183	+
004	.	064	COS^{-1}	124	RCL5	184	RCL3
005	1	065	STOA	125	÷	185	X^2
006	PRTX	066	PRTX	126	RCL4	186	-
007	DSP5	067	RCL3	127	÷	187	2
008	RCL3	068	RCL2	128	CHS	188	÷
009	X^2	069	-	129	COS^{-1}	189	RCL5
010	RCL4	070	X^2	130	RCLB	190	÷
011	X^2	071	RCL5	131	-	191	RCL4
012	+	072	X^2	132	PRTX	192	RCL2
013	RCL5	073	+	133	.	193	-
014	RCL2	074	RCL4	134	PRTX	194	÷
015	-	075	X^2	135	RCL3	195	CHS
016	X^2	076	-	136	X^2	196	COS^{-1}
017	-	077	2	137	RCL5	197	PRTX
018	2	078	÷	138	X^2	198	RCL5
019	÷	079	RCL3	139	+	199	X^2
020	RCL3	080	RCL2	140	RCL4	200	RCL4
021	÷	081	-	141	RCL2	201	RCL2
022	RCL4	082	÷	142	-	202	+
023	÷	083	RCL5	143	X^2	203	X^2
024	COS^{-1}	084	÷	144	-	204	+
025	PRTX	085	COS^{-1}	145	2	205	RCL3
026	RCL3	086	RCLA	146	÷	206	X^2
027	X^2	087	-	147	RCL3	207	-
028	RCL4	088	1	148	÷	208	2
029	X^2	089	8	149	RCL5	209	÷
030	+	090	0	150	÷	210	RCL5
031	RCL5	091	+	151	COS^{-1}	211	÷
032	RCL2	092	PRTX	152	STOA	212	RCL4
033	+	093	RCL5	153	PRTX	213	RCL2
034	X^2	094	X^2	154	RCL3	214	+
035	-	095	RCL4	155	X^2	215	÷
036	2	096	X^2	156	RCL5	216	CHS
037	÷	097	+	157	X^2	217	COS^{-1}
038	RCL3	098	RCL3	158	+	218	1
039	÷	099	RCL2	159	RCL4	219	8
040	RCL4	100	+	160	RCL2	220	0
041	÷	101	X^2	161	+	221	+
042	COS^{-1}	102	-	162	X^2	222	PRTX
043	PRTX	103	2	163	-	223	RTN
044	.	104	÷	164	2	224	R/S
045	PRTX	105	RCL5	165	÷		
046	RCL3	106	÷	166	RCL3		
047	RCL2	107	RCL4	167	÷		
048	+	108	÷	168	RCL5		
049	X^2	109	CHS	169	÷		
050	RCL5	110	COS^{-1}	170	COS^{-1}		
051	X^2	111	STOB	171	PRTX		
052	+	112	RCL5	172	RCLA		
053	RCL4	113	X^2	173	-		
054	X^2	114	RCL4	174	PRTX		
055	-	115	X^2	175	.		
056	2	116	+	176	PRTX		
057	÷	117	RCL3	177	RCL5		
058	RCL3	118	RCL2	178	X^2		
059	RCL2	119	-	179	RCL4		
060	+	120	X^2	180	RCL2		

Tafel H 2.3 Bedienungsanleitung für Gelenkviereck-Koppelkurven

Nr.	Anweisung	Werte	Tasten
1	Seite 1 von Karte 1 einlesen		
2a	Eingangswerte für Beispiel abrufen		E
2b	Eingangswerte für freie Aufgabenstellung	a b c d ε e s	Sto 2 Sto 3 Sto 4 Sto 5 Sto 6 Sto 7 Sto 8
3	Ausdrucken der Eingangswerte (Bild 2.7)		B
4	Seite 1 und 2 von Karte 2 einlesen		
5	Eingabe (φ = 0 und φ = 180 vermeiden, dafür φ = 0,000001 und φ = 180,000001)	φ	Sto 1
6	Berechnen und Ausdrucken der Bestimmungsgrößen für Koppelkurve		A
7	Eingabe für neue Getriebelage	φ	Sto 1
8	Berechnen und Ausdrucken der Bestimmungsgrößen für Koppelkurve		A
9	usw.		

a	30.50000	***
b	62.00000	***
c	55.00000	***
d	78.00000	***
	.00000	
s	1.00000	***
ε	72.50000	***
e	34.00000	***

Bild 2.7

φ	1.000000900-07	***
x_E	8.18242	***
y_E	25.55006	***
τ	159.82734	***
x_{E_0}	-162.57324	***
y_{E_0}	88.38343	***
ϱ	181.91473	***
φ	120.00000	***
x_E	-14.36810	***
y_E	60.40213	***
τ	-57.45439	***
x_{E_0}	1.92855	***
y_{E_0}	34.87894	***
ϱ	30.27793	***
φ	240.00000	***
x_E	-32.31705	***
y_E	2.99228	***
τ	-155.43077	***
x_{E_0}	-8.57357	***
y_{E_0}	13.84747	***
ϱ	26.10724	***

Bild 2.8

Tafel H 2.3.1 Rechenprogramm für Gelenkviereck-Koppelkurve, Karte 1

```
001  *LBLE
002   DSP5
003   RCL2
004   PRTX
005   RCL3
006   PRTX
007   RCL4
008   PRTX
009   RCL5
010   PRTX
011      .
012   PRTX
013   RCL8
014   PRTX
015   RCL6
016   PRTX
017   RCL7
018   PRTX
019    SPC
020    SPC
021    RTN
022  *LBLE
023      3
024      0
025      .
026      5
027   STO2
028      6
029      2
030   STO3
031      5
032      5
033   STO4
034      7
035      8
036   STO5
037      1
038   STO8
039      7
040      2
041      .
042      5
043   STO6
044      3
045      4
046   STO7
047    RTN
048    R/S
```

Tafel H 2.3.2 Rechenprogramm für Gelenkviereck-Koppelkurven, Karte 2

```
*LBLA
DSP5
RCL1
PRTX
ENT↑
RCL2
→P
STO0
X⇄Y
STO9
ENT↑
RCL6
ENT↑
RCL5
-
→P
STOA
X⇄Y
STOB
RCLA
X²
RCL4
X²
+
RCL3
X²
-
2
÷
RCLA
÷
RCL4
÷
COS⁻¹
CHS
RCL8
×
RCLB
+
STOA
ENT↑
RCL4
→R
RCL5
+
STOB
X⇄Y
STOC
RCLC
ENT↑
RCL9
-
ENT↑
RCLB
ENT↑
RCL0
-
→P
X⇄Y
RCL6
+
ENT↑
RCL7
→R
RCL0
+
PRTX
STOD
X⇄Y
RCL9
+
STOE
PRTX
RCLC
ENT↑
RCL0
×
RCL9
ENT↑
RCLB
×
-
RCLC
ENT↑
RCL9
-
÷
STOB
RCL5
ENT↑
RCL1
TAN
1/X
RCLA
TAN
1/X
-
÷
STOC
RCL1
TAN
÷
STOI
RCLC
CHS
ENT↑
RCLB
ENT↑
RCLI
-
→P
X⇄Y
STOB
RCLC
CHS
ENT↑
RCL5
ENT↑
RCLI
-
→P
X⇄Y
CHS
RCLB
+
STOB
RCLE
ENT↑
RCLC
-
ENT↑
RCLD
ENT↑
RCLI
-
→P
X⇄Y
STOA
PRTX
DSP5
RCLA
RCLB
+
TAN
STOB
RCLE
ENT↑
RCL9
-
ENT↑
RCLD
ENT↑
RCL0
-
→P
X⇄Y
TAN
STO0
RCLB
ENT↑
RCLI
×
RCL0
ENT↑
RCLD
×
-
RCLE
+
RCLC
-
RCLB
ENT↑
RCL0
-
÷
STOC
RCL0
ENT↑
RCLC
ENT↑
RCLD
-
×
RCLE
+
STOI
RCLA
CHS
TAN
RCLD
×
RCLE
+
RCLI
ENT↑
RCLC
÷
RCLA
TAN
-
÷
STO0
PRTX
RCLI
×
RCLC
÷
STOB
PRTX
RCLE
-
X²
RCL0
ENT↑
RCLD
-
X²
+
√X
PRTX
SPC
SPC
R/S
```

Tafel H 2.4 Bedienungsanleitung für sechsgliedriges Koppelgetriebe

Nr.	Anweisung	Werte	Tasten
1a	Seite 1 von Karte 01 einlesen		
2a	Eingangswerte für Beispiel abrufen		E
1b	Seite 1 und 2 von Karte 1 einlesen		
2b	Eingangswerte für freie Aufgabenstellung	a b c d s_I	Sto 2 Sto 3 Sto 4 Sto 5 Sto 6
		ε e x_{H0} y_{H0}	Sto A Sto B Sto C Sto D
		b_{II} c_{II} s_{II}	Sto E Sto 7 Sto 8
		$\delta\varphi$	Sto 9
3	Ausdrucken der Eingangswerte		D
4	Eingabe des Kurbelwinkels und der Schrittweite	φ $\Delta\varphi$	Sto 1 Sto 0
5	Berechnen und Ausdrucken der Übertragungsfunktionen		A
6	Beendigung des Laufprogrammes nach Wahl und Einsicht in gedruckte Ergebniswerte		R/S

(zu 1a und 2a:) nur erforderlich für Vorführungszwecke u. Kontrolle

Schrieb-Nr. 1.0	
a	30.50000
b	62.90000
c	55.00000
d	78.00000
s_I	1.00000
	.0
ε	72.50000
e	34.00000
x_{H_0}	56.00000
y_{H_0}	70.00000
	.0
b_{II}	70.00000
c_{II}	60.60000
s_{II}	-1.00000
	.0
$\delta\varphi$	1.00000

Bild 2.9

(zu 5:)

Schrieb-Nr.	1.1	1.1	1.1
φ	1.000000000-07	120.00000	240.00000
ψ_{II}	-69.66161	-108.54464	-109.23014
i_0	0.15750	-0.12762	0.14110
A_0	-0.71546	0.29207	0.29671

Bild 2.9

Tafel H 2.4.1 Rechenprogramm für sechsgliedriges Koppelgetriebe, Karte 01

```
*LBLE
3
0
.
5
STO2
6
2
STO3
5
5
STO4
7
8
STO5
1
STO6
7
2
.
5
STOA
3
4
STOB
5
6
STOC
7
0
STOD
7
0
STOE
6
0
.
6
STO7
1
CHS
STO8
1
STO9
RTN
R/S
```

Tafel H 2.4.2 Rechenprogramm für sechsgliedriges Koppelgetriebe, Karte 1

001	*LBLA	061	0	121	STO5	181	PRTX
002	DSP1	062	×	122	X⇄Y	182	DSP5
003	1	063	PRTX	123	RCL2	183	RCLA
004	.	064	RCL1	124	+	184	PRTX
005	1	065	RCL0	125	RCLD	185	RCLB
006	PRTX	066	+	126	-	186	PRTX
007	RCL1	067	STO1	127	ENT↑	187	RCLC
008	RCL3	068	GTOA	128	RCL5	188	PRTX
009	-	069	RTN	129	RCLC	189	RCLD
010	STO1	070	*LBLB	130	-	190	PRTX
011	GSBB	071	DSP5	131	→P	191	DSP1
012	P⇄S	072	RCL1	132	STO6	192	.
013	RCL8	073	ENT↑	133	X⇄Y	193	PRTX
014	STO0	074	RCL2	134	STO7	194	DSP5
015	P⇄S	075	→R	135	RCL6	195	RCLE
016	RCL1	076	P⇄S	136	X^2	196	PRTX
017	RCL9	077	STO1	137	P⇄S	197	RCL7
018	2	078	X⇄Y	138	RCL7	198	PRTX
019	×	079	STO2	139	X^2	199	RCL8
020	+	080	CHS	140	+	200	PRTX
021	STO1	081	ENT↑	141	RCLE	201	DSP1
022	GSBB	082	P⇄S	142	X^2	202	.
023	P⇄S	083	RCL5	143	-	203	PRTX
024	RCL8	084	P⇄S	144	2	204	DSP5
025	STOI	085	RCL1	145	÷	205	RCL9
026	P⇄S	086	-	146	RCL7	206	PRTX
027	RCL1	087	→P	147	÷	207	SPC
028	RCL9	088	STO3	148	P⇄S	208	RTN
029	-	089	X⇄Y	149	RCL6		
030	STO1	090	STO4	150	÷		
031	PRTX	091	RCL3	151	COS^{-1}		
032	GSBB	092	X^2	152	CHS		
033	P⇄S	093	P⇄S	153	P⇄S		
034	RCL8	094	RCL3	154	RCL8		
035	PRTX	095	X^2	155	×		
036	RCLI	096	+	156	P⇄S		
037	RCL0	097	RCL4	157	RCL7		
038	-	098	X^2	158	+		
039	2	099	-	159	STO8		
040	÷	100	2	160	P⇄S		
041	P⇄S	101	÷	161	RTN		
042	RCL9	102	RCL3	162	*LBLD		
043	÷	103	÷	163	DSP1		
044	P⇄S	104	P⇄S	164	1		
045	PRTX	105	RCL3	165	.		
046	RCLI	106	÷	166	0		
047	RCL0	107	COS^{-1}	167	PRTX		
048	+	108	P⇄S	168	DSP5		
049	RCL9	109	RCL6	169	RCL2		
050	2	110	×	170	PRTX		
051	×	111	P⇄S	171	RCL3		
052	-	112	RCL4	172	PRTX		
053	P⇄S	113	+	173	RCL4		
054	RCL9	114	RCLA	174	PRTX		
055	X^2	115	+	175	RCL5		
056	÷	116	ENT↑	176	PRTX		
057	Pi	117	RCLB	177	RCL6		
058	÷	118	→R	178	PRTX		
059	1	119	RCL1	179	DSP1		
060	8	120	+	180	.		

Tafel H 3.1 Bedienungsanleitung für q-Kurve des Schubkurvengetriebes

Nr.	Anweisung	Werte	Tasten
1	Karte 1, Schubkurvengetriebe, Seite 1 und 2 einlesen		
2a	Eingangswerte für Zahlenbeispiel abrufen		fe
2b	Eingangswerte für freie Aufgabenstellung	Φ_I Φ_{II} s_0	Sto A Sto B Sto D
3	Eingabe des Anfangs-Teilfaktors und der Schrittweite	z Δz	Sto 1 Sto 0
4	Vorwahl für Hingang		B
5	Beginn des Laufprogramms		E
6	Beendigung des ersten Laufprogrammes nach Wahl und Einsicht in gedruckte Werte		R/S
7	Eingabe des Anfangs-Teilfaktors und der Schrittweite	z Δz	Sto 1 Sto 0
8	Vorwahl für Rückgang		C
9	Beginn des Laufprogrammes		E
10	Beendigung des zweiten Laufprogrammes nach Wahl und Einsicht in gedruckte Werte		R/S

Schrieb-Nr.	4.1
z	0.20000
s_a	-1.94539
m_a	13.19680
	4.1
	0.40000
	-12.25804
	34.54968
	4.1
	0.60000
	-27.74196
	34.54968
	4.1
	0.80000
	-38.05461
	13.19680

Schrieb-Nr.	4.2
z	0.20000
s_i	1.94539
m_i	-9.89760
	4.2
	0.40000
	12.25804
	-25.91226
	4.2
	0.60000
	27.74196
	-25.91226
	4.2
	0.80000
	38.05461
	-9.89760

Tafel H 3.1.1 (H 3.2.1). Rechenprogramm für q-Kurve des Schubkurvengetriebes

```
.0
*LBLE
DSP1
RCL4
PRTX
DSP5
RCL1
PRTX
3
6
0
ENT↑
RCL1
×
SIN
2
÷
Pi
÷
CHS
RCL1
+
CHS
RCLD
×
RCL2
×
PRTX
RCL1
3
6
0
×
COS
CHS
1
+
RCLD
×
RCL2
×
1
8
0
×
Pi
÷
RCLI
÷
PRTX
RCL1
RCL0
+
STO1
GTOE
RTN

0
*LBLB
RCLA
STOI
1
STO2
0
STO3
4
.
1
STO4
RTN
*LBLC
RCLB
STOI
1
CHS
STO2
1
STO3
4
.
2
STO4
RTN

*LBLD
DSP1
4
.
0
PRTX
DSP5
RCLA
PRTX
RCLE
PRTX
RCLC
PRTX
DSP1
.
PRTX
DSP5
RCLD
PRTX
RCLE
PRTX
RCL5
PRTX
RCL6
PRTX
DSP1
.
0
PRTX
DSP5
RCLE
ENT↑
RCL5
→P
RCLE
-
PRTX
X⇄Y
P⇄S
STO9
RCLE
RCLD
+
ENT↑
P⇄S
RCL5
→P
RCL6
-
PRTX
X⇄Y
RCLA
-
P⇄S
STO8
DSP1
.
0
PRTX
DSP5
RCL9
PRTX
RCL8
PRTX
RCLE
RCLC
-
STO7
PRTX
RCL9
3
6
0
+
RCLA
-
RCLC
-
RCLB
-
STO6
PRTX
DSP1
.
0
PRTX
DSP5
RCL9
RCL8
-
PRTX
3
6
0
RCL7
+
RCL6
-
PRTX
P⇄S
SPC
RTN

*LBLe
1
2
0
STOA
1
6
0
STOB
5
0
STOC
4
0
STOD
2
3
STOE
4
.
6
STO5
5
STO6
RTN

R/S
```

Tafel H 3.2 Bedienungsanleitung für Kurvenscheiben-Hauptabschnitte des Schubkurvengetriebes

Nr.	Anweisung	Werte	Tasten
1	Karte 1, Schubkurvengetriebe, Seite 1 und 2 einlesen		
2a	Eingangswerte für Zahlenbeispiel abrufen		fe
2b	Eingangswerte für freie Aufgabenstellung	Φ_I Φ_{II} φ_{RI} s_0 s^* e r	Sto A Sto B Sto C Sto D Sto E Sto 5 Sto 6
3	Ausdrucken der Eingangswerte und Berechnen der Kurvenscheiben-Hauptabschnitte		D

Schrieb-Nr.	4.0
Φ_I	120.00000
Φ_{II}	160.00000
φ_{RI}	50.00000
	.0
s_0	40.00000
s^*	23.00000
e	4.60000
r	5.00000
	.0
r_{min}	18.45549
r_{max}	58.16771
	.0
β_1	78.69007
β_2	-34.17609
β_3	-84.17609
β_4	108.69007
	.0
φ_{KI}	112.86616
φ_{KII}	167.13384

Bild 3.2

Tafel H 3.3 Bedienungsanleitung für Kurvenscheibenprofil des Schubkurvengetriebes

Nr.	Anweisung	Werte	Tasten
1	Karte 1, Schubkurvengetriebe, Seite 1 und 2 einlesen		
2a	Eingangswerte für Zahlenbeispiel abrufen		fe
2b	Eingangswerte für freie Aufgabenstellung	ϕ_I ϕ_{II} φ_{RI} s_0 s* e r	Sto A Sto B Sto C Sto D Sto E Sto 5 Sto 6
3	Vorwahl für Hingang		B
4	Karte 2, Schubkurvengetriebe, Seite 1 und 2 einlesen		
5	Eingabe des Anfangs-Teilfaktors und der Schrittweite	z*) Δz	Sto 1 Sto 0
6	Beginn des Laufprogrammes für Profilberechnung		A
7	Beendigung des ersten Laufprogrammes nach Wahl und Einsicht in gedruckte Werte		R/S
8	Karte 1, Schubkurvengetriebe, Seite 1 und 2 einlesen		
9	Vorwahl für Rückgang		C
10	Karte 2, Schubkurvengetriebe, Seite 1 und 2 einlesen		
11	Eingabe des Anfangs-Teilfaktors und der Schrittweite	z*) Δz	Sto 1 Sto 0
12	Beginn des Laufprogrammes für Profilberechnung		A
13	Beendigung des zweiten Laufprogrammes nach Wahl und Einsicht in gedruckte Werte		R/S

*) Bei späterem Durchgang durch $z = 0,5$ muß $z_1 = 0,2000001$ eingegeben werden!

Schrieb-Nr.	4.1
z	0.20000
c	21.15605
φ_C	48.87628
τ	85.01524
μ	109.01525
	.00000
ρ	38.41695
r_A	56.88741
φ_A	72.34600
	4.1
	0.50000
	39.80760
	18.87860
	68.00156
	128.00157
	.00000
	33.13434
	30.92125
	-35.24002
	4.1
	0.80000
	56.35297
	-11.39375
	2.01483
	98.01484
	.00000
	27.36588
	30.40273
	-23.44169

Bild 3.3

Schrieb-Nr.	4.2
z	0.20000
c	56.29538
φ_C	-115.50828
τ	-125.35769
μ	76.64232
	.00000
ρ	36.51168
r_A	21.25996
φ_A	-38.42413
	4.2
	0.50000
	39.07491
	-162.26102
	-197.71146
	52.28856
	.00000
	36.10324
	23.06253
	-97.03624
	4.2
	0.80000
	20.72783
	-213.78039
	-238.16403
	59.83598
	.00000
	108.65177
	90.17976
	-423.60915

Bild 3.3

Tafel H 3.3.1 Rechenprogramm für Kurvenscheibenprofil des Schubkurvengetriebes

```
001 *LBLA
002 DSP1
003 RCL4
004 PRTX
005 DSP5
006 RCL1
007 PRTX
008 3
009 6
010 0
011 ×
012 STO7
013 SIN
014 2
015 ÷
016 Pi
017 ÷
018 CHS
019 RCL1
020 +
021 RCL2
022 ×
023 RCL3
024 +
025 RCLD
026 ×
027 RCLE
028 +
029 STO8
030 RCL7
031 COS
032 CHS
033 1
034 +
035 RCLD
036 ×
037 RCL2
038 ×
039 1
040 8
041 0
042 ×
043 RCLI
044 ÷
045 Pi
046 ÷
047 STO9
048 RCL8
049 ENT↑
050 RCL5
051 RCL9
052 -
053 →P
054 RCL6
055 -
056 X⇄Y
057 P⇄S
058 STO0
059 X⇄Y
060 →R
061 P⇄S
062 RCL9
063 +
064 P⇄S
065 STO1
066 X⇄Y
067 STO2
068 P⇄S
069 RCL7
070 COS
071 CHS
072 1
073 +
074 RCLI
075 ×
076 3
077 6
078 0
079 ÷
080 RCL7
081 SIN
082 ÷
083 TAN⁻¹
084 P⇄S
085 STO3
086 RCL0
087 +
088 TAN
089 1/X
090 P⇄S
091 RCL8
092 ×
093 RCL5
094 +
095 P⇄S
096 STO4
097 RCL0
098 TAN
099 ×
100 1/X
101 P⇄S
102 RCL8
103 ×
104 CHS
105 1
106 +
107 1/X
108 RCL9
109 ×
110 P⇄S
111 STO5
112 RCL4
113 ÷
114 P⇄S
115 RCL8
116 ×
117 P⇄S
118 STO6
119 P⇄S
120 RCL1
121 RCLI
122 ×
123 RCL3
124 RCLC
125 RCLA
126 +
127 ×
128 +
129 P⇄S
130 STO7
131 RCL2
132 ENT↑
133 RCL1
134 →P
135 STO8
136 PRTX
137 X⇄Y
138 RCL7
139 -
140 STO9
141 PRTX
142 RCL0
143 RCL7
144 -
145 PRTX
146 RCL0
147 PRTX
148 .
149 PRTX
150 RCL2
151 RCL6
152 -
153 ENT↑
154 RCL1
155 RCL5
156 -
157 →P
158 PRTX
159 RCL6
160 ENT↑
161 RCL5
162 →P
163 PRTX
164 X⇄Y
165 RCL7
166 -
167 PRTX
168 P⇄S
169 RCL1
170 RCL0
171 +
172 STO1
173 GTOA
174 RTN
175 RTN
176 *LBLe
177 .
178 7
179 STO1
180 1
181 2
182 0
183 STOA
184 1
185 6
186 0
187 STOB
188 5
189 0
190 STOC
191 4
192 0
193 STOD
194 2
195 3
196 STOE
197 4
198 .
199 6
200 STO5
201 5
202 STO6
203 1
204 STO2
205 RCLA
206 RCLI
207 4
208 .
209 1
210 STO4
211 1
212 2
213 0
214 STOI
215 RTN
216 RTN
217 R/S
```

Tafel H 3.4 Bedienungsanleitung für q-Kurve des Schwinghebel-Kurvengetriebes (q-Schwingkurve)

Nr.	Anweisung	Werte	Tasten
1	Karte q-Kurve Schwinghebel, Seite 1 und 2 einlesen		
2a	Eingangswerte für Zahlenbeispiel abrufen		E
2b	Eingangswerte für freie Aufgabenstellung	ϕ_I ϕ_{II} ψ_0 d	Sto A Sto B Sto C Sto 2
3	Vorwahl für Gleichlauf		B
4	Eingabe des Anfangs-Teilfaktors und der Schrittweite	z Δz	Sto 1 (0,200001) Sto 0
5	Beginn des ersten Laufprogrammes für q-Kurve Schrieb-Nr. 1.2 · Bild 3.4 z 0.2000 ψ 176.0546 q_b 129.9255 1.2 0.5000 160.0000 300.0000 1.2 0.8000 141.9454 129.9254		A
6	Beendigung des ersten Laufprogrammes nach Wahl und Einsicht in gedruckte Werte		R/S
7	Vorwahl für Gegenlauf		C
8	Eingabe des Anfangs-Teilfaktors und der Schrittweite	z Δz	Sto 1 (0,200001) Sto 0
9	Beginn des zweiten Laufprogrammes für q-Kurve Schrieb-Nr. 1.3 · Bild 3.4 z 0.2000 ψ 141.9454 q_b 85.2700 1.3 0.5000 160.0000 66.6667 1.3 0.8000 178.0546 85.2700		A
10	Beendigung des zweiten Laufprogrammes nach Wahl und Einsicht in gedruckte Werte		R/S

Tafel H 3.4.1 Rechenprogramm für q-Kurve des Schwinghebel-Kurvengetriebes

```
*LBLA
DSP1
RCL6
PRTX
DSP4
RCL1
PRTX
RCL1
3
6
0
x
SIN
2
÷
Pi
÷
CHS
RCL1
+
RCL7
x
RCL8
+
RCLC
CHS
x
1
8
0
+
STOE
PRTX
RCL1
3
6
0
x
COS
CHS
1
+
RCLC
x
RCL7
x
RCL9
÷
STOI
1/X
CHS
1
+
1/X
CHS
RCL2
x
RCL2
+
PRTX
RCL1
RCL0
+
STO1
GTOA
RTN

*LBLB
1
STO7
0
STO8
RCLA
STO9
1
.
2
STO6
RTN

*LBLC
1
CHS
STO7
1
STO8
RCLB
STO9
1
.
3
STO6
RTN

*LBLD
DSP1
1
.
1
PRTX
DSP4
RCLA
PRTX
RCLB
PRTX
RCL2
PRTX
RCLC
PRTX
RTN

*LBLE
1
2
0
STOA
1
6
0
STOB
1
0
0
STO2
4
0
STOC
RTN

R/S
```

Tafel H 3.5 Bedienungsanleitung für die Kurvenscheiben-Hauptabschnitte des Schwinghebel-Kurvengetriebes (Schwingkurve)

Nr.	Anweisung	Werte	Tasten
1	Karte 1, Schwinghebel-Kurvengetriebe, Seite 1 und 2 einlesen		
2a	Eingangswerte für Zahlenbeispiel abrufen		E
2b	Eingangswerte für freie Aufgabenstellung	d b ψ^* Φ_I Φ_{II} φ_{RI} ψ_0 r	Sto 2 Sto 3 Sto 4 Sto A Sto B Sto 5 Sto C Sto 6
3	Ausdrucken der Eingangswerte		D
4	Berechnen und Audrucken der Hauptabschnitte		A

d	100.00000
b	97.00000
ψ^*	117.00000
	.00000
Φ_I	120.00000
Φ_{II}	160.00000
φ_{RI}	50.00000
	.00000
ψ_0	40.00000
r	10.00000
	.00000
	0.00000

Bild 3.5 und 3.6

r_{max}	68.33395
r_{min}	29.35917
	.00000
β_1	52.02779
β_2	-60.36506
β_3	-110.76506
β_4	-277.97221
	.00000
φ_{KI}	-112.39286
φ_{KII}	167.60714

Bild 3.5

Tafel H 3.5.1 Rechenprogramm für die Kurvenscheiben-Hauptabschnitte des Schwinghebel-Kurvengetriebes

```
*LBLD
RCL2
PRTX
RCL3
PRTX
RCL4
PRTX
.
PRTX
RCLA
PRTX
RCLB
PRTX
RCL5
PRTX
.
PRTX
RCLC
PRTX
RCL6
PRTX
.
PRTX
RCL7
PRTX
SPC
RTN
*LBLE
1
0
0
STO2
8
7
STO3
1
1
7
STO4
1
2
0
STOA
1
5
0
STOB
5
0
STO5
4
0
STOC
1
0
STO6
.
2
STOI
RTN
*LBLB
1
STO7
0
STO8
RCLA
STO9
RTN
*LBLC
1
CHS
STO7
1
STO8
RCLB
STO9
RTN
R/S
*LBLA
FIX
DSP5
RCL4
ENT↑
RCL3
→R
RCL2
+
STOD
X⇄Y
ENT↑
RCLD
→P
RCL6
-
PRTX
X⇄Y
STOD
RCL4
RCLC
+
ENT↑
RCL3
→R
RCL2
+
STOE
X⇄Y
ENT↑
RCLE
→P
RCL6
-
PRTX
X⇄Y
STOE
.
PRTX
RCLD
PRTX
RCLE
RCLA
-
PRTX
STOI
RCL5
-
PRTX
P⇄S
STO0
P⇄S
RCLD
RCLA
-
RCL5
-
RCLB
-
PRTX
STOE
.
PRTX
RCLI
RCLD
-
PRTX
RCLE
P⇄S
RCL0
P⇄S
-
PRTX
SPC
RTN
R/S
```

Tafel H 3.6 Bedienungsanleitung für das Kurvenscheibenprofil des Schwinghebel-Kurvengetriebes (Schwingkurve)

Nr.	Anweisung	Werte	Tasten
1	Seite 1 und 2 von Karte 1 einlesen (Schwinghebel-Kurvengetriebe)		
2a	Eingangswerte für Grundbeispiel		E
2b	8 Eingangswerte	d b ψ^* ϕ_I ϕ_{II} φ_R ψ_0 r	Sto 2 Sto 3 Sto 4 Sto A Sto B Sto 5 Sto C Sto 6
3	Vorwahl für Gleichlaufbereich		B
4	Ausdrucken der Eingangswerte		D
5	Seite 1 und 2 von Karte 2 einlesen (Schwinghebel-Kurvengetriebe)		
6	Teilfaktor für Kurvenprofil (z = 0,5 vermeiden, dafür z = 0,49999 oder z = 0,50001)	z	Sto 1 (0,20001)
7	Schrittweite für Teilfaktor	Δz	Sto 0
8	Beginn des Laufprogrammes für Gleichlaufbereich		A
9	Beendigung des Laufprogrammes nach Wahl und Einsicht in gedruckte Ergebniswerte		R/S
10	Seite 1 und 2 von Karte 1 einlesen (Schwinghebel-Kurvengetriebe)		
11	Vorwahl für Gegenlaufbereich		C
12	Audrucken der Eingangswerte		D
13	Seite 1 und 2 von Karte 2 einlesen		
14	Teilfaktor für Kurvenprofil	z	Sto 1
15	Schrittweite für Teilfaktor	Δz	Sto 0
16	Beginn des Laufprogrammes für Gegenlaufbereich		A
17	Beendigung des Laufprogrammes nach Wahl und Einsicht in gedruckte Ergebniswerte		R/S

Eingangswerte (zu 2b):

d	100.00000
b	87.00000
ψ^*	117.00000
	.00000
ϕ_I	120.00000
ϕ_{II}	160.00000
φ_{RI}	50.00000
	.00000
ψ_0	40.00000
r	10.00000
	.00000
Gleichlauf	1.00000

z	0.20000
c	25.88098
φ_C	30.11653
τ	16.92249
μ	76.02289
	.00000
ρ	77.25186
r_A	49.77453
φ_A	48.11501
	0.50000
	62.64086
	4.88791
	-45.90695
	112.90884
	.00000
	51.43356
	53.51936
	68.61033
	0.80000
	33.49095
	-29.84112
	-60.18054
	119.74314
	.00000
	154.67133
	184.02546
	-54.94166

d	100.00000
b	87.00000
ψ^*	117.00000
	.00000
ϕ_I	120.00000
ϕ_{II}	160.00000
φ_{RI}	50.00000
	.00000
ψ_0	40.00000
r	10.00000
	.00000
Gegenlauf	1.00000

z	0.30000
c	73.11563
φ_C	-147.86089
τ	-121.87719
μ	74.92773
	.00000
ρ	564.64165
r_A	575.06854
φ_A	-300.31904

Bild 3.6

Tafel H 3.6.1 Rechenprogramm für das Kurvenscheibenprofil des Schwinghebel-Kurvengetriebes

```
*LBLA
FIX
DSP5
RCL1
PRTX
RCL9
×
RCL8
RCLA
RCL5
+
×
+
STOD
RCL1
3
6
0
×
SIN
2
÷
Pi
÷
CHS
RCL1
+
RCL7
×
RCL8
+
RCLC
×
RCL4
+
STOE
RCL1
3
6
0
×
COS
CHS
1
+
RCLC
×
RCL7
×
RCL9
÷
STOI
RCL2
1
ENT↑
RCLI
1/X
-
÷
P⇄S
STO0
P⇄S
RCLE
ENT↑
RCL3
→R
RCL2
+
P⇄S
STO1
X⇄Y
STO2
ENT↑
RCL1
RCL6
-
→P
X⇄Y
STO4
X⇄Y
P⇄S
RCL2
P⇄S
RCL0
-
ABS
RCL0
CHS
P⇄S
RCL2
+
÷
RCL6
×
-
P⇄S
STO3
RCL4
RCL3
→R
RCL0
+
STO5
X⇄Y
STO6
ENT↑
RCL5
→P
PRTX
X⇄Y
RCLD
-
PRTX
RCL4
RCLD
-
PRTX
RCLE
RCL4
-
PRTX
P⇄S
RCLI
1
ENT↑
RCLI
-
×
RCL9
X²
×
RCLC
÷
3
6
0
÷
RCL1
3
6
0
×
SIN
÷
TAN⁻¹
RCL7
×
P⇄S
STO7
P⇄S
RCL2
P⇄S
RCL0
-
RCL4
RCL7
+
TAN
1/X
RCLE
TAN
1/X
-
÷
STO8
RCL4
RCL7
+
TAN
÷
RCL0
+
STO9
RCL2
RCL4
TAN
RCL1
×
-
RCL8
RCL9
÷
RCL4
TAN
-
÷
STO1
RCL8
RCL1
×
RCL9
÷
STO2
.
PRTX
RCL6
RCL2
-
ENT↑
RCL5
RCL1
-
→P
PRTX
RCL2
ENT↑
RCL1
→P
PRTX
X⇄Y
RCLD
-
PRTX
P⇄S
SPC
RCL1
RCL0
+
STO1
GTOA
RTN
R/S
```

Tafel H 3.7 Bedienungsanleitung für Beschleunigungs-Trapez

Nr.	Anweisung	Werte	Tasten
1	Karte "Beschleunigungs-Trapez", Seite 1 und 2 eingeben		
2	Teilfaktor (0<z<1) Schrittweite	z Δz	Sto 1 Sto 0
3	Berechnung der bezogenen Übertragungsfunktionen f, f', f"		A
4	Beendigung des Laufprogramms nach Wahl und Einsicht in gedruckte Werte		R/S

z	0.100000000	***
f	0.009459064	***
f'	0.268781699	***
f"	4.648881957	***
	0.300000000	***
	0.160590349	***
	1.244406188	***
	4.888123763	***
	0.400000000	***
	0.309459064	***
	1.731218300	***
	4.648881957	***
	0.600000000	***
	0.690540936	***
	1.731218300	***
	-4.648881957	***
	0.700000000	***
	0.839409651	***
	1.244406100	***
	-4.888123763	***
	0.900000000	***
	0.990540936	***
	0.268781699	***
	-4.648881957	***

Bild 3.7-3.8

Tafel H 3.7.1 Rechenprogramm für Beschleunigungs-Trapez

```
001 *LBLA
002 DSP9
003 Pi
004 2
005 +
006 STO2
007 2
008 ENT↑
009 Pi
010 -
011 STO3
012 Pi
013 8
014 ×
015 STO4
016 Pi
017 1
018 +
019 STO5
020 0
021 STOE
022 RCL1
023 STOD
024 PRTX
025 .
026 5
027 X⇄Y
028 X>Y?
029 GTOb
030 GTOc
031 *LBLb
032 1
033 ENT↑
034 RCL1
035 -
036 STO1
037 1
038 STOE
039 GTOc
040 *LBLc
041 RCL1
042 .
043 1
044 2
045 5
046 X⇄Y
047 X≤Y?
048 GTOB
049 .
050 3
051 7
052 5
053 X⇄Y
054 X≤Y?
055 GTOC
056 .
057 5
058 1
059 X⇄Y
060 X≤Y?
061 GTOD
062 *LBLB
063 RCL1
064 7
065 2
066 0
067 ×
068 STO6
069 RCL1
070 RCL6
071 SIN
072 4
073 ÷
074 Pi
075 ÷
076 -
077 2
078 ×
079 RCL2
080 ÷
081 STO7
082 1
083 ENT↑
084 RCL6
085 COS
086 -
087 2
088 ×
089 RCL2
090 ÷
091 STO8
092 RCL4
093 RCL6
094 SIN
095 ×
096 RCL2
097 ÷
098 STO9
099 RCLE
100 X>0?
101 GTOa
102 GTOd
103 *LBLC
104 Pi
105 X²
106 8
107 -
108 1
109 6
110 ÷
111 Pi
112 ÷
113 RCL3
114 RCL1
115 ×
116 +
117 RCL1
118 X²
119 Pi
120 ×
121 4
122 ×
123 +
124 RCL2
125 ÷
126 STO7
127 RCL4
128 RCL1
129 ×
130 RCL3
131 +
132 RCL2
133 ÷
134 STO8
135 RCL4
136 RCL2
137 ÷
138 STO9
139 RCLE
140 X>0?
141 GTOa
142 GTOd
143 *LBLD
144 RCL1
145 7
146 2
147 0
148 ×
149 1
150 8
151 0
152 -
153 STOI
154 RCL5
155 RCL1
156 ×
157 RCLI
158 SIN
159 2
160 ×
161 RCL4
162 ÷
163 -
164 Pi
165 4
166 ÷
167 -
168 2
169 ×
170 RCL2
171 ÷
172 STO7
173 RCL5
174 RCLI
175 COS
176 -
177 2
178 ×
179 RCL2
180 ÷
181 STO8
182 RCL4
183 RCLI
184 SIN
185 ×
186 RCL2
187 ÷
188 STO9
189 RCLE
190 X>0?
191 GTOa
192 GTOd
193 *LBLa
194 1
195 ENT↑
196 RCL7
197 -
198 STO7
199 RCL9
200 CHS
201 STO9
202 GTOd
203 *LBLd
204 RCL7
205 PRTX
206 RCL8
207 PRTX
208 RCL9
209 PRTX
210 SPC
211 RCL0
212 X=0?
213 GTOe
214 RCLD
215 RCL0
216 +
217 STO1
218 GTOA
219 RTN
220 *LBLe
221 RTN
222 R/S
```

Tafelwerk für AOS-Rechner (TI-59)

In den Bedienungsanleitungen des Tafelwerks befinden sich Bildbezeichnungen. Diese beziehen sich auf die entsprechenden Bilder des Textteils. Sie sollen helfen, den aufgeführten Zeichen der Rechnerausdrucke die jeweiligen Bilder zuzuordnen.

Tafel T 2.1 Bedienungsanleitung für Schubkurbel

Nr.	Anweisung	Werte	Tasten	Kontrolle
1	Seite 1 und 2 von Karte "Schubkurbel" einlesen			
2	Eingangswerte (b=1)	a e	Sto 02 (0,54) Sto 06 (0,33)	
3	Ausdrucken d. Eingangswerte		A	0 (0,33)
4	Berechnen und Ausdrucken d. Hauptbewegungen		B	89 (29)
5	Eingabe des Anfangswinkels und der Schrittweite	φ Δφ	Sto 01 (0,000001) Sto 00 (120)	
6	Berechnen der Übertragungsfunktionen (UE-FU) Starten des Laufprogr.		C	(480)
7	Laufprogr. stoppt automatisch für φ > 360°			

*)

```
            1.
SCHUBKURBEL
KURBEL A
         0.54
VERSETZUNG E
         0.33
```

Bild 2.1

```
          1.1
HAUPTBEW.
  1.183758969  s0        SD
  146.5341055  φ0      PHID
   29.5413605  μm      MUEM
```

**) Bild 2.2

```
UE-FU
     0.000001  φ
  1.483980929  s          S
  0.188775015  m          M
  0.88665308   aB        AB
UE-FU
   120.000001
  .331156968              S
  .110563842 6            M
-.5562013778             AB
UE-FU
   240.000001
  .7204804232             S
-.4301300085              M
-0.259970769             AB
UE-FU
   360.000001
  1.483980929             S
  0.188775015             M
  0.88665308             AB
```

*) Klammerwerte gelten für Zahlenbeisp.

**) Nicht φ = 0° oder 180°, sondern φ = 0,00001 oder 180,000001 eingeben!

Tafel T 2.1.1 Rechenprogramm für Schubkurbel, Seite 1

000	76	LBL									
001	13	C	061	30	TAN	121	95	=	181	02	2
002	04	4	062	75	-	122	55	÷	182	03	3
003	01	1	063	43	RCL	123	53	(	183	01	1
004	01	1	064	06	06	124	01	1	184	03	3
005	07	7	065	95	=	125	85	+	185	04	4
006	02	2	066	42	STO	126	43	RCL	186	01	1
007	00	0	067	05	05	127	08	08	187	03	3
008	02	2	068	03	3	128	65	×	188	03	3
009	01	1	069	00	0	129	43	RCL	189	03	3
010	04	4	070	69	OP	130	09	09	190	07	7
011	01	1	071	04	04	131	54	)	191	69	OP
012	69	OP	072	43	RCL	132	95	=	192	01	01
013	01	01	073	05	05	133	35	1/X	193	01	1
014	69	OP	074	69	OP	134	65	×	194	04	4
015	05	05	075	06	06	135	43	RCL	195	01	1
016	69	OP	076	69	OP	136	05	05	196	07	7
017	00	00	077	00	00	137	95	=	197	04	4
018	43	RCL	078	43	RCL	138	42	STO	198	03	3
019	01	01	079	04	04	139	10	10	199	04	4
020	99	PRT	080	65	×	140	01	1	200	00	0
021	38	SIN	081	43	RCL	141	03	3	201	00	0
022	65	×	082	01	01	142	01	1	202	00	0
023	43	RCL	083	30	TAN	143	04	4	203	69	OP
024	02	02	084	85	+	144	69	OP	204	02	02
025	85	+	085	43	RCL	145	04	04	205	69	OP
026	43	RCL	086	06	06	146	43	RCL	206	05	05
027	06	06	087	95	=	147	10	10	207	69	OP
028	95	=	088	42	STO	148	69	OP	208	00	00
029	22	INV	089	07	07	149	06	06	209	53	(
030	38	SIN	090	75	-	150	69	OP	210	01	1
031	95	=	091	43	RCL	151	00	00	211	85	+
032	42	STO	092	06	06	152	43	RCL	212	43	RCL
033	03	03	093	75	-	153	01	01	213	02	02
034	39	COS	094	43	RCL	154	85	+	214	54	)
035	85	+	095	05	05	155	43	RCL	215	33	X²
036	43	RCL	096	95	=	156	00	00	216	75	-
037	01	01	097	55	÷	157	95	=	217	43	RCL
038	39	COS	098	43	RCL	158	42	STO	218	06	06
039	65	×	099	04	04	159	01	01	219	33	X²
040	43	RCL	100	95	=	160	25	CLR	220	95	=
041	02	02	101	42	STO	161	03	3	221	34	ΓX
042	95	=	102	08	08	162	06	6	222	75	-
043	42	STO	103	43	RCL	163	01	1	223	53	(
044	04	04	104	05	05	164	32	X⇌T	224	53	(
045	03	3	105	85	+	165	25	CLR	225	01	1
046	06	6	106	43	RCL	166	43	RCL	226	75	-
047	69	OP	107	06	06	167	01	01	227	43	RCL
048	04	04	108	95	=	168	77	GE	228	02	02
049	43	RCL	109	55	÷	169	14	D	229	54	)
050	04	04	110	43	RCL	170	61	GTO	230	33	X²
051	69	OP	111	04	04	171	13	C	231	75	-
052	06	06	112	94	+/-	172	76	LBL	232	43	RCL
053	69	OP	113	95	=	173	14	D	233	06	06
054	00	00	114	42	STO	174	91	R/S	234	33	X²
055	00	0	115	09	09	175	76	LBL	235	54	)
056	43	RCL	116	43	RCL	176	12	B	236	34	ΓX
057	04	04	117	08	08	177	01	1	237	95	=
058	65	×	118	75	-	178	93	.	238	42	STO
059	43	RCL	119	43	RCL	179	01	1	239	03	03
060	03	03	120	09	09	180	99	PRT	240	03	3

Tafel T 2.1.2 Rechenprogramm für Schubkurbel, Seite 2

241	06	6	301	69	OP	361	02	2	421	07	7
242	03	3	302	00	00	362	07	7	422	04	4
243	02	2	303	43	RCL	363	00	0	423	06	6
244	69	OP	304	02	02	364	00	0	424	04	4
245	04	04	305	85	+	365	00	0	425	01	1
246	43	RCL	306	43	RCL	366	00	0	426	03	3
247	03	03	307	06	06	367	00	0	427	01	1
248	69	OP	308	95	=	368	00	0	428	02	2
249	06	06	309	22	INV	369	00	0	429	02	2
250	69	OP	310	39	COS	370	00	0	430	69	OP
251	00	00	311	42	STO	371	69	OP	431	02	02
252	43	RCL	312	05	05	372	03	03	432	00	0
253	06	06	313	03	3	373	69	OP	433	00	0
254	55	÷	314	00	0	374	05	05	434	01	1
255	53	(	315	04	4	375	69	OP	435	07	7
256	01	1	316	01	1	376	00	00	436	00	0
257	75	-	317	01	1	377	02	2	437	00	0
258	43	RCL	318	07	7	378	06	6	438	00	0
259	02	02	319	03	3	379	04	4	439	00	0
260	54	)	320	00	0	380	01	1	440	00	0
261	95	=	321	69	OP	381	03	3	441	00	0
262	22	INV	322	04	04	382	05	5	442	69	OP
263	39	COS	323	43	RCL	383	01	1	443	03	03
264	75	-	324	05	05	384	04	4	444	69	OP
265	53	(	325	69	OP	385	01	1	445	05	05
266	53	(	326	06	06	386	07	7	446	69	OP
267	43	RCL	327	69	OP	387	69	OP	447	00	00
268	06	06	328	00	00	388	01	01	448	43	RCL
269	55	÷	329	98	ADV	389	02	2	449	06	06
270	53	(	330	91	R/S	390	07	7	450	99	PRT
271	01	1	331	76	LBL	391	00	0	451	91	R/S
272	85	+	332	11	A	392	00	0			
273	43	RCL	333	01	1	393	01	1			
274	02	02	334	93	.	394	03	3			
275	54	)	335	00	0	395	00	0			
276	54	)	336	99	PRT	396	00	0			
277	22	INV	337	03	3	397	00	0			
278	39	COS	338	06	6	398	00	0			
279	95	=	339	01	1	399	69	OP			
280	85	+	340	05	5	400	02	02			
281	01	1	341	02	2	401	69	OP			
282	08	8	342	03	3	402	05	05			
283	00	0	343	04	4	403	69	OP			
284	95	=	344	01	1	404	00	00			
285	42	STO	345	01	1	405	43	RCL			
286	04	04	346	04	4	406	02	02			
287	03	3	347	69	OP	407	99	PRT			
288	03	3	348	01	01	408	04	4			
209	02	2	349	02	2	409	02	2			
290	03	3	350	06	6	410	01	1			
291	02	2	351	04	4	411	07	7			
292	04	4	352	01	1	412	03	3			
293	03	3	353	03	3	413	05	5			
294	02	2	354	05	5	414	03	3			
295	69	OP	355	01	1	415	06	6			
296	04	04	356	04	4	416	01	1			
297	43	RCL	357	01	1	417	07	7			
298	04	04	358	07	7	418	69	OP			
299	69	OP	359	69	OP	419	01	01			
300	06	06	360	02	02	420	03	3			

Tafel T 2.2 Bedienungsanleitung für Funktions-Gelenkvierecke

Nr.	Anweisung	Werte	Tasten	Kontrolle
1	Seite 1 und 2 von Karte "Funkt.Gelenkvier.I" einlesen			
2	Eingangswerte	a b c d s	Sto 02 Sto 03 Sto 04 Sto 05 Sto 06	
3	Abruf d. Eingangswerte f. Zahlenbeisp.		E	1.
4	Ausdrucken d. Eingangswerte		A	1.
5	Berechnung u. Ausdrucken d. Hauptbeweg.		B	
6	Seite 1 und 2 von Karte "Funkt.Gelenkvier.II" einlesen			
7	Eingangswerte wie Nr. 2			
8	Abruf der Eingangswerte f. Zahlenbeisp.		E	120
9	Ausdrucken d. Eingangswerte		A	1.
10	Eingabe d. Anfangswinkels u.d. Schrittw.	φ Δφ	Sto 01 (0,000001) Sto 00 (120)	
11	Berechnen d. Übertragungsf. (UE-FU) Starten des Laufprogr.		C	
12	Beendigung d. Laufprogr. nach Wahl u. Einsicht in gedruckte Ergebniswerte		R/S	

Bild 2.3

```
KURBELSCHWINGE
A, B, C, D, S
           30.
           55.
           60.
            1.
```

Bild 2.3; 2.4; 2.5

```
HAUPTBEW.
 32.15720861  μi     MUEI
 142.1642776  μa     MUEA
 25.25582618  φ*     PHI*
 183.6991982  φo     PHIO
 97.34058172  ψo     PSIO
 8.645864351  δi"    DI::
 74.84900911  δa"    DA::
 66.20314476  δo     DELO
 124.2288663  φi"    PI::
 310.6763728  φa"    PA::
```

```
KURBELSCHWINGE
A, B, C, D, S
           30.
           55.
           40.
           60.
            1.
```

Bild 2.6

```
UE-FU
     0.000001  φ      PHI
  77.36437391  ψc     PSIC
 -.9999999653  i"        I
  1.985589212  α/ω²   ALFA
   45.2071653  δ      DELT
UE-FU
   120.000001         PHI
  121.0447998         PSIC
  .7555052722            I
 -.0598787005         ALFA
  8.668876565         DELT
UE-FU
   240.000001         PHI
  159.2580095         PSIC
 -.1840767065            I
 -.2719665468         ALFA
  46.88208786         DELT
UE-FU
   360.000001         PHI
  77.36437391         PSIC
 -.9999999654            I
  1.985589212         ALFA
   45.2071653         DELT
```

Tafel T 2.2.1 Rechenprogramm für Funktions-Gelenkviereck, Karte I, Seite 1

000	76	LBL									
001	14	D	061	00	0	121	01	1	181	42	STO
002	43	RCL	062	00	0	122	03	3	182	13	13
003	10	10	063	69	OP	123	71	SBR	183	03	3
004	33	X²	064	02	02	124	16	A'	184	03	3
005	85	+	065	69	OP	125	43	RCL	185	02	2
006	43	RCL	066	05	05	126	03	03	186	03	3
007	11	11	067	69	OP	127	85	+	187	02	2
008	33	X²	068	00	00	128	43	RCL	188	04	4
009	75	-	069	43	RCL	129	02	02	189	03	3
010	43	RCL	070	03	03	130	95	=	190	02	2
011	12	12	071	42	STO	131	42	STO	191	71	SBR
012	33	X²	072	10	10	132	10	10	192	16	A'
013	95	=	073	43	RCL	133	43	RCL	193	43	RCL
014	55	÷	074	04	04	134	05	05	194	05	05
015	02	2	075	42	STO	135	42	STO	195	94	+/-
016	55	÷	076	11	11	136	11	11	196	42	STO
017	43	RCL	077	43	RCL	137	43	RCL	197	10	10
018	10	10	078	05	05	138	04	04	198	43	RCL
019	55	÷	079	75	-	139	42	STO	199	04	04
020	43	RCL	080	43	RCL	140	12	12	200	42	STO
021	11	11	081	02	02	141	71	SBR	201	11	11
022	95	=	082	95	=	142	14	D	202	43	RCL
023	22	INV	083	42	STO	143	42	STO	203	03	03
024	39	COS	084	12	12	144	07	07	204	85	+
025	42	STO	085	71	SBR	145	03	3	205	43	RCL
026	13	13	086	14	D	146	03	3	206	02	02
027	92	RTN	087	03	3	147	02	2	207	95	=
028	76	LBL	088	00	0	148	03	3	208	42	STO
029	16	A'	089	04	4	149	02	2	209	12	12
030	69	OP	090	01	1	150	04	4	210	71	SBR
031	04	04	091	01	1	151	05	5	211	14	D
032	43	RCL	092	07	7	152	01	1	212	42	STO
033	13	13	093	02	2	153	71	SBR	213	08	08
034	69	OP	094	04	4	154	16	A'	214	43	RCL
035	06	06	095	71	SBR	155	43	RCL	215	03	03
036	69	OP	096	16	A'	156	03	03	216	75	-
037	00	00	097	43	RCL	157	75	-	217	43	RCL
038	92	RTN	098	03	03	158	43	RCL	218	02	02
039	76	LBL	099	42	STO	159	02	02	219	95	=
040	12	B	100	10	10	160	95	=	220	42	STO
041	02	2	101	43	RCL	161	42	STO	221	12	12
042	03	3	102	04	04	162	10	10	222	71	SBR
043	01	1	103	42	STO	163	43	RCL	223	14	D
044	03	3	104	11	11	164	05	05	224	75	-
045	04	4	105	43	RCL	165	42	STO	225	43	RCL
046	01	1	106	05	05	166	11	11	226	08	08
047	03	3	107	85	+	167	43	RCL	227	95	=
048	03	3	108	43	RCL	168	04	04	228	42	STO
049	03	3	109	02	02	169	42	STO	229	13	13
050	07	7	110	95	=	170	12	12	230	03	3
051	69	OP	111	42	STO	171	71	SBR	231	03	3
052	01	01	112	12	12	172	14	D	232	03	3
053	01	1	113	71	SBR	173	75	-	233	06	6
054	04	4	114	14	D	174	43	RCL	234	02	2
055	01	1	115	03	3	175	07	07	235	04	4
056	07	7	116	00	0	176	85	+	236	03	3
057	04	4	117	04	4	177	01	1	237	02	2
058	03	3	118	01	1	178	08	8	238	71	SBR
059	04	4	119	01	1	179	00	0	239	16	A'
060	00	0	120	07	7	180	95	=	240	43	RCL

Tafel T 2.2.2 Rechenprogramm für Funktions-Gelenkviereck, Karte I, Seite 2

241	03	03	301	06	6	361	02	2	421	05	5
242	42	STO	302	01	1	362	06	6	422	07	7
243	10	10	303	07	7	363	02	2	423	01	1
244	43	RCL	304	02	2	364	71	SBR	424	06	6
245	05	05	305	07	7	365	16	A'	425	05	5
246	42	STO	306	03	3	366	91	R/S	426	07	7
247	11	11	307	02	2	367	76	LBL	427	03	3
248	43	RCL	308	71	SBR	368	11	A	428	06	6
249	04	04	309	16	A'	369	02	2	429	00	0
250	75	-	310	43	RCL	370	06	6	430	00	0
251	43	RCL	311	05	05	371	04	4	431	69	OP
252	02	02	312	94	+/-	372	01	1	432	02	02
253	95	=	313	42	STO	373	03	3	433	69	OP
254	42	STO	314	10	10	374	05	5	434	05	05
255	12	12	315	43	RCL	375	01	1	435	69	OP
256	71	SBR	316	04	04	376	04	4	436	00	00
257	14	D	317	75	-	377	01	1	437	43	RCL
258	01	1	318	43	RCL	378	07	7	438	02	02
259	06	6	319	02	02	379	69	OP	439	99	PRT
260	02	2	320	95	=	380	01	01	440	43	RCL
261	04	4	321	42	STO	381	02	2	441	03	03
262	06	6	322	11	11	382	07	7	442	99	PRT
263	02	2	323	43	RCL	383	03	3	443	43	RCL
264	06	6	324	03	03	384	06	6	444	04	04
265	02	2	325	42	STO	385	01	1	445	43	RCL
266	71	SBR	326	12	12	386	05	5	446	05	05
267	16	A'	327	71	SBR	387	02	2	447	99	PRT
268	43	RCL	328	14	D	388	03	3	448	43	RCL
269	13	13	329	03	3	389	04	4	449	06	06
270	42	STO	330	03	3	390	03	3	450	99	PRT
271	09	09	331	02	2	391	69	OP	451	98	ADV
272	43	RCL	332	04	4	392	02	02	452	91	R/S
273	04	04	333	06	6	393	02	2	453	76	LBL
274	85	+	334	02	2	394	04	4	454	15	E
275	43	RCL	335	06	6	395	03	3	455	03	3
276	02	02	336	02	2	396	01	1	456	00	0
277	95	=	337	71	SBR	397	02	2	457	42	STO
278	42	STO	338	16	A'	398	02	2	458	02	02
279	12	12	339	43	RCL	399	01	1	459	05	5
280	71	SBR	340	04	04	400	07	7	460	05	5
281	14	D	341	85	+	401	00	0	461	42	STO
282	01	1	342	43	RCL	402	00	0	462	03	03
283	06	6	343	02	02	403	69	OP	463	04	4
284	01	1	344	95	=	404	03	03	464	00	0
285	03	3	345	42	STO	405	69	OP	465	42	STO
286	06	6	346	11	11	406	05	05	466	04	04
287	02	2	347	71	SBR	407	69	OP	467	06	6
288	06	6	348	14	D	408	00	00	468	00	0
289	02	2	349	85	+	409	01	1	469	42	STO
290	71	SBR	350	01	1	410	03	3	470	05	05
291	16	A'	351	08	8	411	05	5	471	01	1
292	43	RCL	352	00	0	412	07	7	472	42	STO
293	13	13	353	95	=	413	01	1	473	06	06
294	75	-	354	42	STO	414	04	4	474	91	R/S
295	43	RCL	355	13	13	415	05	5			
296	09	09	356	03	3	416	07	7			
297	95	=	357	03	3	417	01	1			
298	42	STO	358	01	1	418	05	5			
299	13	13	359	03	3	419	69	OP			
300	01	1	360	06	6	420	01	01			

Tafel T 2.2.3 Rechenprogramm für Funktions-Gelenkviereck, Karte II, Seite 1

000	76	LBL									
001	11	A	061	06	6	121	02	02	181	04	4
002	02	2	062	00	0	122	32	X⇌T	182	01	1
003	06	6	063	00	0	123	43	RCL	183	05	5
004	04	4	064	69	OP	124	01	01	184	69	OP
005	01	1	065	02	02	125	37	P/R	185	04	04
006	03	3	066	69	OP	126	42	STO	186	43	RCL
007	05	5	067	05	05	127	07	07	187	11	11
008	01	1	068	69	OP	128	32	X⇌T	188	69	OP
009	04	4	069	00	00	129	42	STO	189	06	06
010	01	1	070	43	RCL	130	08	08	190	69	OP
011	07	7	071	02	02	131	75	-	191	00	00
012	69	OP	072	99	PRT	132	43	RCL	192	43	RCL
013	01	01	073	43	RCL	133	05	05	193	04	04
014	02	2	074	03	03	134	95	=	194	32	X⇌T
015	07	7	075	99	PRT	135	32	X⇌T	195	43	RCL
016	03	3	076	43	RCL	136	22	INV	196	11	11
017	06	6	077	04	04	137	37	P/R	197	37	P/R
018	01	1	078	99	PRT	138	42	STO	198	42	STO
019	05	5	079	43	RCL	139	09	09	199	12	12
020	02	2	080	05	05	140	32	X⇌T	200	32	X⇌T
021	03	3	081	99	PRT	141	42	STO	201	85	+
022	04	4	082	43	RCL	142	10	10	202	43	RCL
023	03	3	083	06	06	143	43	RCL	203	05	05
024	69	OP	084	99	PRT	144	10	10	204	95	=
025	02	02	085	91	R/S	145	33	X²	205	42	STO
026	02	2	086	76	LBL	146	85	+	206	13	13
027	04	4	087	13	C	147	43	RCL	207	43	RCL
028	03	3	088	04	4	148	04	04	208	12	12
029	01	1	089	01	1	149	33	X²	209	94	+/-
030	02	2	090	01	1	150	75	-	210	65	×
031	02	2	091	07	7	151	43	RCL	211	43	RCL
032	01	1	092	02	2	152	03	03	212	08	08
033	07	7	093	00	0	153	33	X²	213	85	+
034	00	0	094	02	2	154	95	=	214	43	RCL
035	00	0	095	01	1	155	55	÷	215	07	07
036	69	OP	096	04	4	156	02	2	216	65	×
037	03	03	097	01	1	157	55	÷	217	43	RCL
038	69	OP	098	69	OP	158	43	RCL	218	13	13
039	05	05	099	01	01	159	10	10	219	95	=
040	69	OP	100	69	OP	160	55	÷	220	55	÷
041	00	00	101	05	05	161	43	RCL	221	53	(
042	01	1	102	69	OP	162	04	04	222	43	RCL
043	03	3	103	00	00	163	95	=	223	07	07
044	05	5	104	03	3	164	22	INV	224	75	-
045	07	7	105	03	3	165	39	COS	225	43	RCL
046	01	1	106	02	2	166	94	+/-	226	12	12
047	04	4	107	03	3	167	65	×	227	54	)
048	05	5	108	02	2	168	43	RCL	228	95	=
049	07	7	109	04	4	169	06	06	229	42	STO
050	01	1	110	00	0	170	85	+	230	14	14
051	05	5	111	00	0	171	43	RCL	231	35	1/X
052	69	OP	112	69	OP	172	09	09	232	65	×
053	01	01	113	04	04	173	95	=	233	43	RCL
054	05	5	114	43	RCL	174	42	STO	234	05	05
055	07	7	115	01	01	175	11	11	235	94	+/-
056	01	1	116	69	OP	176	03	3	236	85	+
057	06	6	117	06	06	177	03	3	237	01	1
058	05	5	118	00	0	178	03	3	238	95	=
059	07	7	119	00	0	179	06	6	239	35	1/X
060	03	3	120	43	RCL	180	02	2	240	42	STO

Tafel T 2.2.4 Rechenprogramm für Funktions-Gelenkviereck, Karte II, Seite 2

241	15	15	301	42	STO	361	04	04
242	02	2	302	19	19	362	43	RCL
243	04	4	303	94	+/-	363	07	07
244	69	OP	304	85	+	364	69	OP
245	04	04	305	43	RCL	365	06	06
246	43	RCL	306	18	18	366	69	OP
247	15	15	307	95	=	367	00	00
248	69	OP	308	30	TAN	368	43	RCL
249	06	06	309	35	1/X	369	01	01
250	69	OP	310	65	×	370	85	+
251	00	00	311	43	RCL	371	43	RCL
252	43	RCL	312	15	15	372	00	00
253	01	01	313	65	×	373	95	=
254	30	TAN	314	53	(	374	42	STO
255	55	÷	315	01	1	375	01	01
256	43	RCL	316	75	-	376	61	GTO
257	11	11	317	43	RCL	377	13	C
258	30	TAN	318	15	15	378	91	R/S
259	94	+/-	319	54	)	379	76	LBL
260	85	+	320	95	=	380	15	E
261	01	1	321	42	STO	381	03	3
262	95	=	322	20	20	382	00	0
263	35	1/X	323	01	1	383	42	STO
264	65	×	324	03	3	384	02	02
265	43	RCL	325	02	2	385	05	5
266	05	05	326	07	7	386	05	5
267	95	=	327	02	2	387	42	STO
268	42	STO	328	01	1	388	03	03
269	16	16	329	01	1	389	04	4
270	65	×	330	03	3	390	00	0
271	43	RCL	331	69	OP	391	42	STO
272	01	01	332	04	04	392	04	04
273	30	TAN	333	43	RCL	393	06	6
274	95	=	334	20	20	394	00	0
275	42	STO	335	69	OP	395	42	STO
276	17	17	336	06	06	396	05	05
277	43	RCL	337	69	OP	397	01	1
278	16	16	338	00	00	398	42	STO
279	75	-	339	43	RCL	399	06	06
280	43	RCL	340	13	13	400	93	.
281	14	14	341	75	-	401	00	0
282	95	=	342	43	RCL	402	00	0
283	32	X:T	343	14	14	403	00	0
284	43	RCL	344	95	=	404	00	0
285	17	17	345	32	X:T	405	00	0
286	22	INV	346	43	RCL	406	00	0
287	37	P/R	347	12	12	407	00	0
288	42	STO	348	22	INV	408	01	1
289	18	18	349	37	P/R	409	42	STO
290	43	RCL	350	42	STO	410	01	01
291	13	13	351	07	07	411	01	1
292	75	-	352	01	1	412	02	2
293	43	RCL	353	06	6	413	00	0
294	14	14	354	01	1	414	42	STO
295	95	=	355	07	7	415	00	00
296	32	X:T	356	02	2	416	91	R/S
297	43	RCL	357	07	7	417	00	0
298	12	12	358	03	3	418	00	0
299	22	INV	359	07	7	419	00	0
300	37	P/R	360	69	OP	420	00	0

Tafel T 2.3 Bedienungsanleitung für Gelenkviereck-Koppelkurven

Nr.	Anweisung	Werte	Tasten	Kontrolle
1	Eintasten 4 *Op 17			639. 39
2	Seite 1 und 2 von Karte "GV-Koppelkurve I" einlesen			
3	Seite 3 von Karte "GV-Koppelkurve II" einlesen			
4	Eingangswerte	a b c d s ε e	Sto 02 Sto 03 Sto 04 Sto 05 Sto 08 Sto 06 Sto 07	
5	Abruf d. Eingangswerte f. Zahlenbeisp.		E	34
6	Ausdrucken d. Eingangswerte		A	34
7	Eingabe d. Anfangswinkels u. der Schrittweite	φ Δφ	Sto 01 (0,000001) Sto 00 (120)	
8	Berechnen d. Koppelkurvendaten (KO-KU)		B	
9	Beendigung d. Laufprogr. nach Wahl u. Einsicht in gedruckte Ergebniswerte		R/S	

Bild 2.7

```
GELENKVIERECK
KOPPELKURVEN
A, B, C, D, S
          30.5
           62.
           55.
           78.
            1.
EPS, E
          72.5
           34.
```

Bild 2.8

```
          KO-KU
      0.000001 φ
    8.182416275 xE       XE
    25.65005817    yE    YE
    159.8273355 τ       TAU
   -179.5782102    xEo  XEO
    94.63082928 yEo     YEO
    200.0309967      ρ  RHO
          KO-KU
     120.000001
   -14.36010076          XE
    60.40212665          YE
   -57.45438554         TAU
    1.928545486         XEO
    34.07093669         YEO
    30.27793292         RHO
          KO-KU
     240.000001
   -32.31704906          XE
    2.992275669          YE
    204.5692274         TAU
   -8.573568295         XEO
    13.84746842         YEO
    26.10724207         RHO
```

Tafel T 2.3.1 Rechenprogramm für Gelenkviereck-Koppelkurven, Karte I, Seite 1

000	76	LBL									
001	16	A'	061	03	03	121	32	X⇄T	181	30	TAN
002	69	OP	062	33	X^2	122	43	RCL	182	35	1/X
003	04	04	063	95	=	123	17	17	183	75	-
004	43	RCL	064	55	÷	124	37	P/R	184	53	(
005	13	13	065	02	2	125	85	+	185	43	RCL
006	69	OP	066	55	÷	126	43	RCL	186	14	14
007	06	06	067	43	RCL	127	09	09	187	30	TAN
008	69	OP	068	12	12	128	95	=	188	35	1/X
009	00	00	069	55	÷	129	42	STO	189	54	)
010	92	RTN	070	43	RCL	130	18	18	190	95	=
011	25	CLR	071	04	04	131	32	X⇄T	191	35	1/X
012	76	LBL	072	95	=	132	85	+	192	65	×
013	12	B	073	22	INV	133	43	RCL	193	43	RCL
014	02	2	074	39	COS	134	10	10	194	05	05
015	06	6	075	94	+/-	135	95	=	195	95	=
016	03	3	076	65	×	136	42	STO	196	42	STO
017	02	2	077	43	RCL	137	13	13	197	21	21
018	02	2	078	08	08	138	42	STO	198	55	÷
019	00	0	079	85	+	139	30	30	199	43	RCL
020	02	2	080	43	RCL	140	06	6	200	01	01
021	06	6	081	11	11	141	06	6	201	30	TAN
022	04	4	082	95	=	142	01	1	202	95	=
023	01	1	083	42	STO	143	07	7	203	42	STO
024	69	OP	084	14	14	144	71	SBR	204	22	22
025	02	02	085	43	RCL	145	16	A'	205	43	RCL
026	69	OP	086	04	04	146	43	RCL	206	20	20
027	05	05	087	32	X⇄T	147	18	18	207	75	-
028	69	OP	088	43	RCL	148	42	STO	208	43	RCL
029	00	00	089	14	14	149	13	13	209	22	22
030	43	RCL	090	37	P/R	150	04	4	210	95	=
031	02	02	091	42	STO	151	05	5	211	32	X⇄T
032	32	X⇄T	092	15	15	152	01	1	212	43	RCL
033	43	RCL	093	32	X⇄T	153	07	7	213	21	21
034	01	01	094	85	+	154	71	SBR	214	94	+/-
035	99	PRT	095	43	RCL	155	16	A'	215	22	INV
036	37	P/R	096	05	05	156	43	RCL	216	37	P/R
037	42	STO	097	95	=	157	15	15	217	42	STO
038	09	09	098	42	STO	158	65	×	218	23	23
039	32	X⇄T	099	16	16	159	43	RCL	219	43	RCL
040	42	STO	100	75	-	160	10	10	220	05	05
041	10	10	101	43	RCL	161	75	-	221	75	-
042	75	-	102	10	10	162	43	RCL	222	43	RCL
043	43	RCL	103	95	=	163	09	09	223	22	22
044	05	05	104	32	X⇄T	164	65	×	224	95	=
045	95	=	105	43	RCL	165	43	RCL	225	32	X⇄T
046	32	X⇄T	106	15	15	166	16	16	226	43	RCL
047	22	INV	107	75	-	167	95	=	227	21	21
048	37	P/R	108	43	RCL	168	55	÷	228	94	+/-
049	42	STO	109	09	09	169	53	(	229	22	INV
050	11	11	110	95	=	170	43	RCL	230	37	P/R
051	32	X⇄T	111	22	INV	171	15	15	231	94	+/-
052	42	STO	112	37	P/R	172	75	-	232	85	+
053	12	12	113	85	+	173	43	RCL	233	43	RCL
054	33	X^2	114	43	RCL	174	09	09	234	23	23
055	85	+	115	06	06	175	54	)	235	95	=
056	43	RCL	116	95	=	176	95	=	236	42	STO
057	04	04	117	42	STO	177	42	STO	237	24	24
058	33	X^2	118	17	17	178	20	20	238	43	RCL
059	75	-	119	43	RCL	179	43	RCL	239	30	30
060	43	RCL	120	07	07	180	01	01	240	75	-

Tafel T 2.3.2 Rechenprogramm für Gelenkviereck-Koppelkurven, Karte I, Seite 2

A'

241	43	RCL	301	85	+	361	04	4	421	43	RCL
242	22	22	302	43	RCL	362	04	4	422	00	00
243	95	=	303	18	18	363	01	1	423	95	=
244	32	X⇌T	304	75	-	364	07	7	424	42	STO
245	43	RCL	305	43	RCL	365	03	3	425	01	01
246	18	18	306	21	21	366	02	2	426	61	GTO
247	75	-	307	95	=	367	71	SBR	427	12	B
248	43	RCL	308	55	÷	368	16	A'	428	91	R/S
249	21	21	309	53	(	369	43	RCL	429	00	0
250	95	=	310	43	RCL	370	13	13	430	00	0
251	22	INV	311	25	25	371	42	STO	431	00	0
252	37	P/R	312	75	-	372	31	31	432	00	0
253	42	STO	313	43	RCL	373	65	×	433	00	0
254	13	13	314	26	26	374	43	RCL	434	00	0
255	03	3	315	54	)	375	28	28	435	00	0
256	07	7	316	95	=	376	55	÷	436	00	0
257	01	1	317	42	STO	377	43	RCL	437	00	0
258	03	3	318	27	27	378	27	27	438	00	0
259	04	4	319	43	RCL	379	95	=	439	00	0
260	01	1	320	26	26	380	42	STO	440	76	LBL
261	71	SBR	321	65	×	381	13	13	441	15	E
262	16	A'	322	53	(	382	04	4	442	06	6
263	43	RCL	323	43	RCL	383	05	5	443	00	0
264	13	13	324	27	27	384	01	1	444	42	STO
265	85	+	325	75	-	385	07	7	445	01	01
266	43	RCL	326	43	RCL	386	03	3	446	03	3
267	24	24	327	30	30	387	02	2	447	00	0
268	95	=	328	54	)	388	71	SBR	448	93	.
269	30	TAN	329	85	+	389	16	A'	449	05	5
270	42	STO	330	43	RCL	390	43	RCL	450	42	STO
271	25	25	331	18	18	391	13	13	451	02	02
272	43	RCL	332	95	=	392	75	-	452	06	6
273	30	30	333	42	STO	393	43	RCL	453	02	2
274	75	-	334	28	28	394	18	18	454	42	STO
275	43	RCL	335	43	RCL	395	95	=	455	03	03
276	10	10	336	13	13	396	33	X²	456	05	5
277	95	=	337	30	TAN	397	85	+	457	05	5
278	32	X⇌T	338	94	+/-	398	53	(	458	42	STO
279	43	RCL	339	65	×	399	43	RCL	459	04	04
280	18	18	340	43	RCL	400	31	31	460	07	7
281	75	-	341	30	30	401	75	-	461	08	8
282	43	RCL	342	85	+	402	43	RCL	462	42	STO
283	09	09	343	43	RCL	403	30	30	463	05	05
284	95	=	344	18	18	404	54	)	464	01	1
285	22	INV	345	95	=	405	33	X²	465	42	STO
286	37	P/R	346	55	÷	406	95	=	466	08	08
287	30	TAN	347	53	(	407	34	√X	467	07	7
288	42	STO	348	43	RCL	408	42	STO	468	02	2
289	26	26	349	28	28	409	13	13	469	93	.
290	43	RCL	350	55	÷	410	03	3	470	05	5
291	25	25	351	43	RCL	411	05	5	471	42	STO
292	65	×	352	27	27	412	02	2	472	06	06
293	43	RCL	353	75	-	413	03	3	473	03	3
294	22	22	354	43	RCL	414	03	3	474	04	4
295	75	-	355	13	13	415	02	2	475	42	STO
296	43	RCL	356	30	TAN	416	71	SBR	476	07	07
297	26	26	357	54	)	417	16	A'	477	91	R/S
298	65	×	358	95	=	418	43	RCL	478	13	0
299	43	RCL	359	42	STO	419	01	01	479	85	0
300	30	30	360	13	13	420	85	+	480	00	0

Tafel T 2.3.3 Rechenprogramm für Gelenkviereck-Koppelkurven, Karte II, Seite 3

481	76	LBL
482	11	A
483	02	2
484	02	2
485	01	1
486	07	7
487	02	2
488	07	7
489	01	1
490	07	7
491	03	3
492	01	1
493	69	OP
494	01	01
495	02	2
496	06	6
497	04	4
498	02	2
499	02	2
500	04	4
501	01	1
502	07	7
503	03	3
504	05	5
505	69	OP
506	02	02
507	01	1
508	07	7
509	01	1
510	05	5
511	02	2
512	06	6
513	00	0
514	00	0
515	00	0
516	00	0
517	69	OP
518	03	03
519	69	OP
520	05	05
521	69	OP
522	00	00
523	02	2
524	06	6
525	03	3
526	02	2
527	03	3
528	03	3
529	03	3
530	03	3
531	01	1
532	07	7
533	69	OP
534	01	01
535	02	2
536	07	7
537	02	2
538	06	6
539	04	4
540	01	1
541	03	3
542	05	5
543	04	4
544	02	2
545	69	OP
546	02	02
547	01	1
548	07	7
549	03	3
550	01	1
551	00	0
552	00	0
553	00	0
554	00	0
555	00	0
556	00	0
557	69	OP
558	03	03
559	69	OP
560	05	05
561	69	OP
562	00	00
563	01	1
564	03	3
565	05	5
566	07	7
567	01	1
568	04	4
569	05	5
570	07	7
571	01	1
572	05	5
573	69	OP
574	01	01
575	05	5
576	07	7
577	01	1
578	06	6
579	05	5
580	07	7
581	03	3
582	06	6
583	00	0
584	00	0
585	69	OP
586	02	02
587	69	OP
588	05	05
589	69	OP
590	00	00
591	43	RCL
592	02	02
593	99	PRT
594	43	RCL
595	03	03
596	99	PRT
597	43	RCL
598	04	04
599	99	PRT
600	43	RCL
601	05	05
602	99	PRT
603	43	RCL
604	08	08
605	99	PRT
606	01	1
607	07	7
608	03	3
609	03	3
610	03	3
611	06	6
612	05	5
613	07	7
614	01	1
615	07	7
616	69	OP
617	01	01
618	69	OP
619	05	05
620	69	OP
621	00	00
622	43	RCL
623	06	06
624	99	PRT
625	43	RCL
626	07	07
627	99	PRT
628	98	ADV
629	91	R/S

Tafel T 2.4 Bedienungsanleitung für sechsgliedriges Koppelgetriebe

Nr.	Anweisung	Werte	Tasten	Kontrolle
1	Eintasten: 4 *Op 17			629.39
2	Seite 1 und 2 von Karte "6gl.Koppelgetr. I" einlesen			
3	Seite 3 von Karte "6gl. Koppelgetr. II" einlesen			
4	Eingangswerte	a b c d s_I ε e x_{Ho} y_{Ho} b_{II} c_{II} s_{II}	Sto 02 Sto 03 Sto 04 Sto 05 Sto 06 Sto 07 Sto 08 Sto 09 Sto 10 Sto 11 Sto 12 Sto 13	
5	Abruf d. Eingangswerte f. Zahlenbeisp.		E	120
6	Ausdrucken d. Eingangswerte		A	-1
7	Eingabe des Anfangswinkels u. d. Schrittweite	φ $\Delta\varphi$	Sto 01 (0,000001) Sto 00 (120)	
8	Berechnungen d. Übertragungsfunktionen (UE-FU)		B	
9	Beendigung d. Laufprogr. n. Wahl u. Einsicht in gedruckte Ergebniswerte		R/S	

Bild 2.9

```
6GL KOPPELGETR.
A, B, C, D, SI
            30.5
            62.
            55.
            78.
             1.
EPS, E, XHO, YHO
            72.5
            34.
            56.
            70.
BII, CIISII
            70.
            60.6
            -1.
```

Bild 2.9

UE-FU		
0.000001	φ	
290.3383855	ψ	PSI
.1575024044	i_o	IO
-.7154539083	α/ω^2	ALFA
120.000001		
251.4553549		PSI
-.1278218734		IO
.2920772968		ALFA
240.000001		
251.7698639		PSI
.1411013418		IO
.2967139692		ALFA

Tafel T 2.4.1 Rechenprogramm für sechsgliedriges Koppelgetriebe, Karte I, Seite 1

Schritt	Code	Taste
000	76	LBL
001	13	C
002	43	RCL
003	02	02
004	32	X⇄T
005	43	RCL
006	01	01
007	37	P/R
008	42	STO
009	14	14
010	32	X⇄T
011	42	STO
012	15	15
013	43	RCL
014	05	05
015	75	-
016	43	RCL
017	15	15
018	95	=
019	32	X⇄T
020	43	RCL
021	14	14
022	94	+/-
023	22	INV
024	37	P/R
025	42	STO
026	16	16
027	32	X⇄T
028	42	STO
029	17	17
030	43	RCL
031	17	17
032	33	X²
033	85	+
034	43	RCL
035	03	03
036	33	X²
037	75	-
038	43	RCL
039	04	04
040	33	X²
041	95	=
042	55	÷
043	02	2
044	55	÷
045	43	RCL
046	17	17
047	55	÷
048	43	RCL
049	03	03
050	95	=
051	22	INV
052	39	COS
053	42	STO
054	18	18
055	65	×
056	43	RCL
057	06	06
058	85	+
059	43	RCL
060	16	16
061	85	+
062	43	RCL
063	07	07
064	95	=
065	42	STO
066	19	19
067	43	RCL
068	08	08
069	32	X⇄T
070	43	RCL
071	19	19
072	37	P/R
073	85	+
074	43	RCL
075	14	14
076	95	=
077	42	STO
078	20	20
079	32	X⇄T
080	85	+
081	43	RCL
082	15	15
083	95	=
084	42	STO
085	21	21
086	43	RCL
087	21	21
088	75	-
089	43	RCL
090	09	09
091	95	=
092	32	X⇄T
093	43	RCL
094	20	20
095	75	-
096	43	RCL
097	10	10
098	95	=
099	22	INV
100	37	P/R
101	42	STO
102	22	22
103	32	X⇄T
104	42	STO
105	23	23
106	43	RCL
107	23	23
108	33	X²
109	85	+
110	43	RCL
111	12	12
112	33	X²
113	75	-
114	43	RCL
115	11	11
116	33	X²
117	95	=
118	55	÷
119	02	2
120	55	÷
121	43	RCL
122	23	23
123	55	÷
124	43	RCL
125	12	12
126	95	=
127	22	INV
128	39	COS
129	42	STO
130	24	24
131	75	-
132	43	RCL
133	22	22
134	65	×
135	43	RCL
136	13	13
137	95	=
138	42	STO
139	25	25
140	92	RTN
141	76	LBL
142	12	B
143	43	RCL
144	01	01
145	75	-
146	43	RCL
147	26	26
148	95	=
149	42	STO
150	01	01
151	71	SBR
152	13	C
153	42	STO
154	27	27
155	43	RCL
156	01	01
157	85	+
158	02	2
159	65	×
160	43	RCL
161	26	26
162	95	=
163	42	STO
164	01	01
165	71	SBR
166	13	C
167	42	STO
168	28	28
169	43	RCL
170	01	01
171	75	-
172	43	RCL
173	26	26
174	95	=
175	42	STO
176	01	01
177	99	PRT
178	71	SBR
179	13	C
180	42	STO
181	29	29
182	03	3
183	03	3
184	03	3
185	06	6
186	02	2
187	04	4
188	69	OP
189	04	04
190	43	RCL
191	29	29
192	69	OP
193	06	06
194	69	OP
195	00	00
196	53	(
197	43	RCL
198	28	28
199	75	-
200	43	RCL
201	27	27
202	95	=
203	55	÷
204	02	2
205	55	÷
206	43	RCL
207	26	26
208	95	=
209	42	STO
210	30	30
211	02	2
212	04	4
213	03	3
214	02	2
215	69	OP
216	04	04
217	43	RCL
218	30	30
219	69	OP
220	06	06
221	69	OP
222	00	00
223	43	RCL
224	28	28
225	85	+
226	43	RCL
227	27	27
228	75	-
229	02	2
230	65	×
231	43	RCL
232	29	29
233	95	=
234	65	×
235	01	1
236	08	8
237	00	0
238	55	÷
239	43	RCL
240	26	26

Tafel T 2.4.2 Rechenprogramm für sechsgliedriges Koppelgetriebe, Karte I, Seite 2

B

241	55	÷	301	42	STO	361	03	3	421	43	RCL
242	89	π	302	05	05	362	03	3	422	04	04
243	95	=	303	01	1	363	03	3	423	99	PRT
244	42	STO	304	42	STO	364	03	3	424	43	RCL
245	31	31	305	06	06	365	01	1	425	05	05
246	01	1	306	07	7	366	07	7	426	99	PRT
247	03	3	307	02	2	367	02	2	427	43	RCL
248	02	2	308	93	.	368	07	7	428	06	06
249	07	7	309	05	5	369	69	OP	429	99	PRT
250	02	2	310	42	STO	370	02	02	430	01	1
251	01	1	311	07	07	371	02	2	431	07	7
252	01	1	312	03	3	372	02	2	432	03	3
253	03	3	313	04	4	373	01	1	433	03	3
254	69	OP	314	42	STO	374	07	7	434	03	3
255	04	04	315	08	08	375	03	3	435	06	6
256	43	RCL	316	05	5	376	07	7	436	05	5
257	31	31	317	06	6	377	03	3	437	07	7
258	69	OP	318	42	STO	378	05	5	438	01	1
259	06	06	319	09	09	379	04	4	439	07	7
260	69	OP	320	07	7	380	00	0	440	69	OP
261	00	00	321	00	0	381	69	OP	441	01	01
262	43	RCL	322	42	STO	382	03	03	442	05	5
263	01	01	323	10	10	383	69	OP	443	07	7
264	85	+	324	42	STO	384	05	05	444	04	4
265	43	RCL	325	11	11	385	69	OP	445	04	4
266	00	00	326	06	6	386	00	00	446	02	2
267	95	=	327	00	0	387	01	1	447	03	3
268	42	STO	328	93	.	388	03	3	448	03	3
269	01	01	329	06	6	389	05	5	449	02	2
270	98	ADV	330	42	STO	390	07	7	450	05	5
271	61	GTO	331	12	12	391	01	1	451	07	7
272	12	B	332	01	1	392	04	4	452	69	OP
273	91	R/S	333	94	+/-	393	05	5	453	02	02
274	76	LBL	334	42	STO	394	07	7	454	04	4
275	15	E	335	13	13	395	01	1	455	05	5
276	93	.	336	01	1	396	05	5	456	02	2
277	00	0	337	42	STO	397	69	OP	457	03	3
278	00	0	338	26	26	398	01	01	458	03	3
279	00	0	339	01	1	399	05	5	459	02	2
280	00	0	340	02	2	400	07	7	460	00	0
281	00	0	341	00	0	401	01	1	461	00	0
282	01	1	342	42	STO	402	06	6	462	00	0
283	42	STO	343	00	00	403	05	5	463	00	0
284	01	01	344	91	R/S	404	07	7	464	69	OP
285	03	3	345	76	LBL	405	03	3	465	03	03
286	00	0	346	11	A	406	06	6	466	69	OP
287	93	.	347	00	0	407	02	2	467	05	05
288	05	5	348	07	7	408	04	4	468	69	OP
289	42	STO	349	02	2	409	69	OP	469	00	00
290	02	02	350	02	2	410	02	02	470	43	RCL
291	06	6	351	02	2	411	69	OP	471	07	07
292	02	2	352	07	7	412	05	05	472	99	PRT
293	42	STO	353	00	0	413	69	OP	473	43	RCL
294	03	03	354	00	0	414	00	00	474	08	08
295	05	5	355	02	2	415	43	RCL	475	99	PRT
296	05	5	356	06	6	416	02	02	476	43	RCL
297	42	STO	357	69	OP	417	99	PRT	477	09	09
298	04	04	358	01	01	418	43	RCL	478	99	PRT
299	07	7	359	03	3	419	03	03	479	43	RCL
300	08	8	360	02	2	420	99	PRT	480	10	10

Tafel T 2.4.3 Rechenprogramm für sechsgliedriges Koppelgetriebe, Karte II, Seite 3

```
481  99 PRT
482  01  1
483  04  4
484  02  2
485  04  4
486  02  2
487  04  4
488  05  5
489  07  7
490  01  1
491  05  5
492  69 OP
493  01  01
494  02  2
495  04  4
496  02  2
497  04  4
498  03  3
499  06  6
500  02  2
501  04  4
502  02  2
503  04  4
504  69 OP
505  02  02
506  69 OP
507  05  05
508  69 OP
509  00  00
510  43 RCL
511  11  11
512  99 PRT
513  43 RCL
514  12  12
515  99 PRT
516  43 RCL
517  13  13
518  99 PRT
519  91 R/S
```

Tafel T 3.1 Bedienungsanleitung für q-Kurve des Schubkurvengetriebes

Nr.	Anweisung	Werte	Tasten	Kontrolle
1	Seite 1 und 2 v. Karte "q-Schubkurve" einlesen			
2	Eingangswerte	ϕ_I ϕ_{II} s_0 r	Sto 02 Sto 03 Sto 06 Sto 09	
3	Abruf d. Eingangswerte f. Zahlenbeispiel		E	4.6
4	Ausdrucken d. Eingangswerte		A	5.
5	Vorwahl Gleichlauf GLLF		*B	2227..
6	Eingabe d. z-Anfangswertes u. d. Schrittweite	z Δz	Sto 01 (0,200001) Sto 00 (0,2)	
7	Berechnung d. q-Schubkurve f. Gleichlaufbereich		B	
8	Beendigung d. Laufprogr. durch Wahl u. Einsicht in gedruckte Ergebniswerte		R/S	
9	Abruf d. Eingangswerte f. Zahlenb.		E	4.6
10	Vorwahl Gegenlauf GGLF		*C	2222..
11	Eingabe des z-Anfangswertes u. d. Schrittweite	z Δz	Sto 01 (0,200001) Sto 00 (0,2)	
12	Berechnung d. q-Schubkurve f. Gegenlaufbereich		B	
13	nach Aufzeichnung d. q-Kurve weitere Zwischenwerte z zur Erhöhung d. Tangenten-Genauigkeit f. d. Hauptabmessungen	z Δz	Sto 01 Sto 00	
14	Beendigung d. Laufprogr. durch Wahl u. Einsicht in gedruckte Ergebniswerte		R/S	

```
     SCHUBKURVE
PHI I, -II, -RI
          120.   φI
          160.   φII
           50.   φRI
SO, R
           40.
            5.
```

Bild 3.1

```
        GLLF
       Q-KVE
   0.2000001   z
-1.945388935   s    S
 13.19681473   m    M
       Q-KVE
   0.4000001
 -12.2580501        S
 34.54968667        M
       Q-KVE
   0.6000001
-27.74196437        S
 34.54967256        M
       Q-KVE
   0.8000001
-38.05461659        S
  13.1967919        M
```

```
     SCHUBKURVE
PHI-I, -II, -RI
          120.
          160.
           50.
SO, R
           40.
            5.
```

```
        GGLF
       Q-KVE
   0.2000001   z
 1.945388935   s    S
-9.897611044   m    M
       Q-KVE
   0.4000001
  12.2580501        S
  -25.912265        M
       Q-KVE
   0.6000001
 27.74196437        S
-25.91225442        M
       Q-KVE
   0.8000001
 38.05461659        S
-9.097593925        M
```

Tafel T 3.1.1 (T 3.2.1). Rechenprogramm für q-Kurve und Kurvenscheiben-Hauptabschnitte des Schubkurvengetriebes, Seite 1

```
000  76  LBL
001  16  A'      061  69  OP      121  00  0       181  04  4
002  69  OP      062  05  05      122  95  =       182  02  2
003  04  04      063  69  OP      123  39  COS     183  01  1
004  43  RCL     064  00  00      124  94  +/-     184  07  7
005  13  13      065  91  R/S     125  85  +       185  69  OP
006  69  OP      066  76  LBL     126  01  1       186  03  03
007  06  06      067  12  B       127  95  =       187  69  OP
008  69  OP      068  03  3       128  65  ×       188  05  05
009  00  00      069  04  4       129  43  RCL     189  69  OP
010  92  RTN     070  02  2       130  06  06      190  00  00
011  76  LBL     071  00  0       131  65  ×       191  03  3
012  17  B'      072  02  2       132  43  RCL     192  03  3
013  43  RCL     073  06  6       133  11  11      193  02  2
014  02  02      074  04  4       134  65  ×       194  03  3
015  42  STO     075  02  2       135  01  1       195  02  2
016  10  10      076  01  1       136  08  8       196  04  4
017  01  1       077  07  7       137  00  0       197  02  2
018  42  STO     078  69  OP      138  55  ÷       198  00  0
019  11  11      079  02  02      139  43  RCL     199  02  2
020  00  0       080  69  OP      140  10  10      200  04  4
021  42  STO     081  05  05      141  55  ÷       201  69  OP
022  12  12      082  69  OP      142  89  π       202  01  01
023  02  2       083  00  00      143  95  =       203  05  5
024  02  2       084  43  RCL     144  42  STO     204  07  7
025  02  2       085  01  01      145  13  13      205  02  2
026  07  7       086  65  ×       146  03  3       206  00  0
027  02  2       087  03  3       147  00  0       207  02  2
028  07  7       088  06  6       148  71  SBR     208  04  4
029  02  2       089  00  0       149  16  A'      209  02  2
030  01  1       090  95  =       150  43  RCL     210  04  4
031  69  OP      091  38  SIN     151  01  01      211  05  5
032  02  02      092  55  ÷       152  85  +       212  07  7
033  69  OP      093  02  2       153  43  RCL     213  69  OP
034  05  05      094  55  ÷       154  00  00      214  02  02
035  69  OP      095  89  π       155  95  =       215  02  2
036  00  00      096  94  +/-     156  42  STO     216  00  0
037  91  R/S     097  85  +       157  01  01      217  03  3
038  76  LBL     098  43  RCL     158  61  GTO     218  05  5
039  18  C'      099  01  01      159  12  B       219  02  2
040  43  RCL     100  99  PRT     160  91  R/S     220  04  4
041  03  03      101  95  =       161  76  LBL     221  00  0
042  42  STO     102  94  +/-     162  11  A       222  00  0
043  10  10      103  65  ×       163  03  3       223  00  0
044  01  1       104  43  RCL     164  06  6       224  00  0
045  94  +/-     105  06  06      165  01  1       225  69  OP
046  42  STO     106  65  ×       166  05  5       226  03  03
047  11  11      107  43  RCL     167  02  2       227  69  OP
048  01  1       108  11  11      168  03  3       228  05  05
049  42  STO     109  95  =       169  04  4       229  69  OP
050  12  12      110  42  STO     170  01  1       230  00  00
051  02  2       111  13  13      171  01  1       231  43  RCL
052  02  2       112  03  3       172  04  4       232  02  02
053  02  2       113  06  6       173  69  OP      233  99  PRT
054  02  2       114  71  SBR     174  02  02      234  43  RCL
055  02  2       115  16  A'      175  02  2       235  03  03
056  07  7       116  43  RCL     176  06  6       236  99  PRT
057  02  2       117  01  01      177  04  4       237  43  RCL
058  01  1       118  65  ×       178  01  1       238  04  04
059  69  OP      119  03  3       179  03  3       239  99  PRT
060  02  02      120  06  6       180  05  5       240  03  3
```

Tafel T 3.1.2 (T 3.2.2). Rechenprogramm für q-Kurve und Kurvenscheiben-Hauptabschnitte des Schubkurvengetriebes, Seite 2

241	06	6	301	04	4	361	43	RCL	421	75	-
242	03	3	302	03	3	362	03	03	422	43	RCL
243	02	2	303	01	1	363	95	=	423	17	17
244	05	5	304	71	SBR	364	42	STO	424	95	=
245	07	7	305	16	A'	365	17	17	425	99	PRT
246	03	3	306	43	RCL	366	01	1	426	98	ADV
247	05	5	307	08	08	367	04	4	427	91	R/S
248	69	OP	308	32	X:T	368	01	1	428	00	0
249	01	01	309	43	RCL	369	07	7	429	00	0
250	69	OP	310	06	06	370	03	3	430	76	LBL
251	05	05	311	85	+	371	07	7	431	15	E
252	69	OP	312	43	RCL	372	01	1	432	93	.
253	00	00	313	07	07	373	03	3	433	02	2
254	43	RCL	314	95	=	374	69	OP	434	00	0
255	06	06	315	22	INV	375	01	01	435	00	0
256	99	PRT	316	37	P/R	376	69	OP	436	00	0
257	43	RCL	317	75	-	377	05	05	437	00	0
258	09	09	318	43	RCL	378	69	OP	438	00	0
259	99	PRT	319	02	02	379	00	00	439	01	1
260	98	ADV	320	95	=	380	43	RCL	440	42	STO
261	91	R/S	321	42	STO	381	14	14	441	01	01
262	76	LBL	322	15	15	382	99	PRT	442	01	1
263	14	D	323	32	X:T	383	43	RCL	443	02	2
264	02	2	324	75	-	384	15	15	444	00	0
265	03	3	325	43	RCL	385	99	PRT	445	42	STO
266	03	3	326	09	09	386	43	RCL	446	02	02
267	03	3	327	95	=	387	16	16	447	01	1
268	03	3	328	42	STO	388	99	PRT	448	06	6
269	07	7	329	13	13	389	43	RCL	449	00	0
270	01	1	330	03	3	390	17	17	450	42	STO
271	03	3	331	05	5	391	99	PRT	451	03	03
272	01	1	332	03	3	392	03	3	452	05	5
273	04	4	333	00	0	393	03	3	453	00	0
274	69	OP	334	01	1	394	02	2	454	42	STO
275	02	02	335	03	3	395	03	3	455	04	04
276	69	OP	336	04	4	396	02	2	456	04	4
277	05	05	337	04	4	397	04	4	457	00	0
278	69	OP	338	71	SBR	398	02	2	458	42	STO
279	00	00	339	16	A'	399	06	6	459	06	06
280	43	RCL	340	43	RCL	400	02	2	460	05	5
281	08	08	341	15	15	401	00	0	461	42	STO
282	32	X:T	342	75	-	402	69	OP	462	09	09
283	43	RCL	343	43	RCL	403	01	01	463	93	.
284	07	07	344	04	04	404	69	OP	464	02	2
285	22	INV	345	95	=	405	05	05	465	42	STO
286	37	P/R	346	42	STO	406	69	OP	466	00	00
287	42	STO	347	16	16	407	00	00	467	02	2
288	14	14	348	43	RCL	408	43	RCL	468	03	3
289	32	X:T	349	14	14	409	14	14	469	42	STO
290	75	-	350	85	+	410	75	-	470	07	07
291	43	RCL	351	03	3	411	43	RCL	471	04	4
292	09	09	352	06	6	412	15	15	472	93	.
293	95	=	353	00	0	413	95	=	473	06	6
294	42	STO	354	75	-	414	99	PRT	474	42	STO
295	13	13	355	43	RCL	415	03	3	475	08	08
296	03	3	356	02	02	416	06	6	476	91	R/S
297	05	5	357	75	-	417	00	0			
298	03	3	358	43	RCL	418	85	+			
299	00	0	359	04	04	419	43	RCL			
300	02	2	360	75	-	420	16	16			

Tafel T 3.2 Bedienungsanleitung für Kurvenscheiben-Hauptabschnitte des Schubkurvengetriebes

Nr.	Anweisung	Werte	Tasten	Kontrolle
1	Seite 1 und 2 von Karte "q-Schubkurve" einlesen			
2	Eingangswerte	Φ_I Φ_{II} φ_{RI} s_o r	Sto 02 03 04 06 09	
3	Hauptabmessungen nach zeichner. Ermittlung. Eingabe:	s* e	Sto 07 (23) Sto 08 (4,6)	
4	Abruf der Eingangswerte f. Zahlenbeisp.		E	4.6
5	Ausdrucken d. Eingangswerte		A	5.
6	Berechnen u. Ausdrucken d. Kurven-Hauptabschnitte		D	167.13

```
    SCHUBKURVE
PHI I, -II, -RI
          120.
          160.
           50.
  SO, R
           40.
            5.
```

Bild 3.2

```
       HPTAB
  18.45548976   rmin   RMIN
  58.16771327   rmax   RMAX
  BETA
  78.69006753   β1
 -34.17609053   β2
 -84.17609053   β3
 108.6900675    β4
 PHIK-
 112.8661581    φKI
 167.1338419    φKII
```

Tafel T 3.3 Bedienungsanleitung für Kurvenscheibenprofil des Schubkurvengetriebes

Nr.	Anweisung	Werte	Tasten	Kontrolle
1	Eintasten 3 *Op 17			719. 29
2	Seite 1 u. 2 von Karte "Schubkurve I" einlesen			
3	Seite 3 v. Karte "Schubkurve II" einlesen			
4	Eingangswerte	Φ_I Φ_{II} Φ_{RI} s_0 s^* e r	Sto 02 Sto 03 Sto 04 Sto 06 Sto 07 Sto 08 Sto 09	
5	Abruf d. Eingangswerte f. Zahlenb.		E	0.3
6	Ausdrucken d. Eingangswerte		A	5.
7	Eingabe d. z-Anfangswertes u. d. Schrittweite	z Δz	Sto 01 (0,200001) Sto 00 (0,3)	
8	Vorwahl Gleichlauf Bereich		*B	2227..
9	Berechnen d. Kurvenprofils u. Ausdruck d. Kennwerte		B	
10	Beendigung d. Laufprogr., z.B. bei z = 0,8		R/S	
11	Abruf d. Eingangswerte f. Zahlenb.		E	0.3
12	Ausdruck d. Eingangswerte		A	5.
13	Eingabe d. z-Anfangswertes u. d. Schrittweite	z Δz	Sto 01 (2.00001) Sto 00 (0,3)	
14	Vorwahl Gegenlauf-Bereich		*C	2222..
15	Berechnung d. Kurvenprofils u. Ausdruck d. Kennwerte		B	
16	Beendigung d. Laufprogr., z.B. bei z = 0,8		R/S	

SCHUBKURVE		
PHI-I, -II, -RI		
120.		
160.		
50.		
S0, S*, E, R		
40.		
23.		
4.6		
5.		

Bild 3.3

GLLF	Gleichlauf	
PROFL	Profil	
0.2000001	z	
21.15605075	c	C
40.87627808	φ_C	PHIC
85.01524023	τ	TAU
109.0152522	μ	MUE
38.41694659	ρ	RHO
56.88741205	r_A	RA
72.34599708	φ_A	PHIA
PROFL		
0.5000001		
39.80759575		C
18.87860372		PHIC
66.00155851		TAU
128.0015705		MUE
33.13434178		RHO
30.92125463		RA
-35.2400223		PHIA
PROFL		
0.8000001		
56.35297349		C
-11.39374609		PHIC
2.014826734		TAU
98.01483873		MUE
27.36587634		RHO
30.40273113		RA
-23.44169398		PHIA
GGLF	Gegenlauf	
PROFL	Profil	
0.2000001	z	
56.29537551	c	C
-115.5082785	φ_C	PHIC
-125.3576946	τ	TAU
76.64232139	μ	MUE
36.51167848	ρ	RHO
21.25996228	r_A	RA
-98.42413317	φ_A	PHIA
PROFL		
0.5000001		
39.07490582		C
-162.2610236		PHIC
-197.7114583		TAU
52.20055766		MUE
36.10324473		RHO
23.06252849		RA
-97.03623889		PHIA
PROFL		
0.8000001		
20.72782628		C
-213.7803934		PHIC
-238.1640321		TAU
59.83598393		MUE
108.6517676		RHO
90.17976271		RA
-63.60915379		PHIA

Tafel T 3.3.1 Rechenprogramm für Kurvenprofil des Schubkurvengetriebes, Karte I, Seite 1

000	76	LBL									
001	16	A'	061	69	OP	121	43	RCL	181	65	×
002	69	OP	062	05	05	122	14	14	182	43	RCL
003	04	04	063	69	OP	123	39	COS	183	10	10
004	43	RCL	064	00	00	124	94	+/-	184	55	÷
005	13	13	065	91	R/S	125	85	+	185	03	3
006	69	OP	066	76	LBL	126	01	1	186	06	6
007	06	06	067	12	B	127	95	=	187	00	0
008	69	OP	068	03	3	128	65	×	188	55	÷
009	00	00	069	03	3	129	43	RCL	189	43	RCL
010	92	RTN	070	03	3	130	06	06	190	14	14
011	76	LBL	071	05	5	131	65	×	191	38	SIN
012	17	B	072	03	3	132	43	RCL	192	95	=
013	43	RCL	073	02	2	133	11	11	193	22	INV
014	02	02	074	02	2	134	65	×	194	30	TAN
015	42	STO	075	01	1	135	01	1	195	95	=
016	10	10	076	02	2	136	08	8	196	85	+
017	01	1	077	07	7	137	00	0	197	43	RCL
018	42	STO	078	69	OP	138	55	÷	198	18	18
019	11	11	079	02	02	139	43	RCL	199	95	=
020	00	0	080	69	OP	140	10	10	200	30	TAN
021	42	STO	081	05	05	141	55	÷	201	35	1/X
022	12	12	082	69	OP	142	89	π	202	65	×
023	02	2	083	00	00	143	95	=	203	43	RCL
024	02	2	084	43	RCL	144	42	STO	204	15	15
025	02	2	085	01	01	145	16	16	205	85	+
026	07	7	086	99	PRT	146	43	RCL	206	43	RCL
027	02	2	087	65	×	147	08	08	207	16	16
028	07	7	088	03	3	148	75	-	208	95	=
029	02	2	089	06	6	149	43	RCL	209	42	STO
030	01	1	090	00	0	150	16	16	210	17	17
031	69	OP	091	95	=	151	95	=	211	01	1
032	02	02	092	42	STO	152	32	X⇌T	212	75	-
033	69	OP	093	14	14	153	43	RCL	213	53	(
034	05	05	094	38	SIN	154	15	15	214	43	RCL
035	69	OP	095	55	÷	155	22	INV	215	15	15
036	00	00	096	02	2	156	37	P/R	216	55	÷
037	91	R/S	097	55	÷	157	42	STO	217	43	RCL
038	76	LBL	098	89	π	158	18	18	218	17	17
039	18	C'	099	95	=	159	32	X⇌T	219	55	÷
040	43	RCL	100	94	+/-	160	75	-	220	43	RCL
041	03	03	101	85	+	161	43	RCL	221	18	18
042	42	STO	102	43	RCL	162	09	09	222	30	TAN
043	10	10	103	01	01	163	95	=	223	54	)
044	01	1	104	95	=	164	32	X⇌T	224	95	=
045	94	+/-	105	65	×	165	37	P/R	225	35	1/X
046	42	STO	106	43	RCL	166	42	STO	226	65	×
047	11	11	107	11	11	167	19	19	227	43	RCL
048	01	1	108	85	+	168	32	X⇌T	228	16	16
049	42	STO	109	43	RCL	169	85	+	229	95	=
050	12	12	110	12	12	170	43	RCL	230	42	STO
051	02	2	111	95	=	171	16	16	231	20	20
052	02	2	112	65	×	172	95	=	232	65	×
053	02	2	113	43	RCL	173	42	STO	233	43	RCL
054	02	2	114	06	06	174	05	05	234	15	15
055	02	2	115	85	+	175	01	1	235	55	÷
056	07	7	116	43	RCL	176	75	-	236	43	RCL
057	02	2	117	07	07	177	43	RCL	237	17	17
058	01	1	118	95	=	178	14	14	238	95	=
059	69	OP	119	42	STO	179	39	COS	239	42	STO
060	02	02	120	15	15	180	95	=	240	21	21

Karte I, Seite 2

Step	Code	Key	Step	Code	Key	Step	Code	Key	Step	Code	Key
241	43	RCL	301	13	13	361	32	X⇄T	421	69	OP
242	01	01	302	03	3	362	42	STO	422	05	05
243	65	×	303	07	7	363	13	13	423	69	OP
244	43	RCL	304	01	1	364	03	3	424	00	00
245	10	10	305	03	3	365	05	5	425	03	3
246	85	+	306	04	4	366	01	1	426	03	3
247	43	RCL	307	01	1	367	03	3	427	02	2
248	12	12	308	71	SBR	368	71	SBR	428	03	3
249	65	×	309	16	A'	369	16	A'	429	02	2
250	53	(	310	43	RCL	370	43	RCL	430	04	4
251	43	RCL	311	18	18	371	24	24	431	02	2
252	04	04	312	42	STO	372	42	STO	432	00	0
253	85	+	313	13	13	373	13	13	433	02	2
254	43	RCL	314	03	3	374	03	3	434	04	4
255	02	02	315	00	0	375	03	3	435	69	OP
256	54	)	316	04	4	376	02	2	436	01	01
257	95	=	317	01	1	377	03	3	437	05	5
258	42	STO	318	01	1	378	02	2	438	07	7
259	22	22	319	07	7	379	04	4	439	02	2
260	43	RCL	320	71	SBR	380	01	1	440	00	0
261	05	05	321	16	A'	381	03	3	441	02	2
262	32	X⇄T	322	43	RCL	382	71	SBR	442	04	4
263	43	RCL	323	05	05	383	16	A'	443	02	2
264	19	19	324	75	-	384	43	RCL	444	04	4
265	22	INV	325	43	RCL	385	01	01	445	05	5
266	37	P/R	326	20	20	386	85	+	446	07	7
267	75	-	327	95	=	387	43	RCL	447	69	OP
268	43	RCL	328	32	X⇄T	388	00	00	448	02	02
269	22	22	329	43	RCL	389	95	=	449	02	2
270	95	=	330	19	19	390	42	STO	450	00	0
271	42	STO	331	75	-	391	01	01	451	03	3
272	23	23	332	43	RCL	392	61	GTO	452	05	5
273	32	X⇄T	333	21	21	393	12	B	453	02	2
274	42	STO	334	95	=	394	91	R/S	454	04	4
275	13	13	335	22	INV	395	76	LBL	455	00	0
276	01	1	336	37	P/R	396	11	A	456	00	0
277	05	5	337	32	X⇄T	397	03	3	457	00	0
278	71	SBR	338	42	STO	398	06	6	458	00	0
279	16	A'	339	13	13	399	01	1	459	69	OP
280	43	RCL	340	03	3	400	05	5	460	03	03
281	23	23	341	05	5	401	02	2	461	69	OP
282	42	STO	342	02	2	402	03	3	462	05	05
283	13	13	343	03	3	403	04	4	463	69	OP
284	03	3	344	03	3	404	01	1	464	00	00
285	03	3	345	02	2	405	01	1	465	43	RCL
286	02	2	346	71	SBR	406	04	4	466	02	02
287	03	3	347	16	A'	407	69	OP	467	99	PRT
288	02	2	348	43	RCL	408	02	02	468	43	RCL
289	04	4	349	20	20	409	02	2	469	03	03
290	01	1	350	32	X⇄T	410	06	6	470	99	PRT
291	05	5	351	43	RCL	411	04	4	471	43	RCL
292	71	SBR	352	21	21	412	01	1	472	04	04
293	16	A'	353	22	INV	413	03	3	473	99	PRT
294	43	RCL	354	37	P/R	414	05	5	474	03	3
295	18	18	355	75	-	415	04	4	475	06	6
296	75	-	356	43	RCL	416	02	2	476	03	3
297	43	RCL	357	22	22	417	01	1	477	02	2
298	22	22	358	95	=	418	07	7	478	05	5
299	95	=	359	42	STO	419	69	OP	479	07	7
300	42	STO	360	24	24	420	03	03	480	03	3

Tafel T 3.3.3 Rechenprogramm für Kurvenprofil des Schubkurvengetriebes, Karte II, Seite 3

```
481  06  6
482  05  5
483  01  1
484  69  OP
485  01  01
486  05  5
487  07  7
488  01  1
489  07  7
490  05  5
491  07  7
492  03  3
493  05  5
494  00  0
495  00  0
496  69  OP
497  02  02
498  69  OP
499  05  05
500  69  OP
501  00  00
502  43  RCL
503  06  06
504  99  PRT
505  43  RCL
506  07  07
507  99  PRT
508  43  RCL
509  08  08
510  99  PRT
511  43  RCL
512  09  09
513  99  PRT
514  98  ADV
515  91  R/S
```

Tafel T 3.4 Bedienungsanleitung für q-Kurve des Schwinghebel-Kurvengetriebes (q-Schwingkurve)

Nr.	Anweisung	Werte	Tasten	Kontrolle
1	Eintasten 3 *Op 17			719. 29
2	Seite 1 und 2 v. Karte "q-Schwingkurve" einlesen			
3	Seite 3 v. Karte "Schwingkurve II" einlesen			
4	Eingangswerte	d ψ_0 r Φ_I Φ_{II} φ_{RI}	Sto 02 Sto 12 Sto 08 Sto 05 Sto 06 Sto 07	
5	Abruf d. Eingangswerte f. Zahlenbeispiel		E	0.3
6	Ausdrucken d. Eingangswerte		*E	50.
7	Vorwahl Gleichlauf GLLF		*B	2227..
8	Eingabe d. z-Anfangswertes u. d. Schrittweite	z Δz	Sto 01 (0,2000001) Sto 00 (0,3)	
9	Berechnung der q-Schwingkurve f. Gleichlaufbereich		C	
10	Beendigung d. Laufprogr. durch Wahl u. Einsicht in Ergebniswerte		R/S	
11	Abruf d. Eingangswerte f. Zahlenb.		E	0.3
12	Ausdrucken d. Eingangswerte		*E	50.
13	Vorwahl Gegenlauf GGLF		*C	2222..
14	Eingabe d. z-Anfangswertes u. d. Schrittweite	z Δz	Sto 01 (0,2000001) Sto 00 (0,3)	
15	Berechnung d. q-Schwingkurve f. Gegenlaufbereich		C	
16	Beendigung d. Laufprogr. durch Wahl u. Einsicht in Ergebniswerte		R/S	

```
SCHWINGKURVE
D, PSD, R
100.        d
40.         ψo
10.         r
PHI-I, -II, -RI
120.        ΦI
160.        ΦII
50.         φRI
```

Bild 3.4

```
GLLF
Q-KVE
Z, PSI, QB
0.2000001   z
178.0546111 ψ
129.9254524 qb
Q-KVE
Z, PSI, QB
0.5000001
159.999992
300.
Q-KVE
Z, PSI, QB
0.8000001
141.9453834
129.9253852
Q-KVE
```

```
SCHWINGKURVE
D, PSD, R
100.
40.
10.
PHI-I, -II, -RI
120.
160.
50.
```

Bild 3.4

```
GGLF
Q-KVE
Z, PSI, QB
0.2000001   z
141.9453889 ψ
85.26996337 qb
Q-KVE
Z, PSI, QB
0.5000001
160.000008
66.6666667
Q-KVE
Z, PSI, QB
0.8000001
178.0546166
85.26998509
```

Tafel T 3.4.1 (T 3.5.1). Rechenprogramm für q-Kurve und Kurvenscheiben-Hauptabschnitte des Schwinghebel-Kurvengetriebes, Karte q-Schwingkurve, Seite 1

000	76	LBL									
001	17	B'	061	02	2	121	43	RCL	181	13	C
002	43	RCL	062	06	6	122	10	10	182	91	R/S
003	05	05	063	04	4	123	85	+	183	76	LBL
004	42	STO	064	02	2	124	43	RCL	184	14	D
005	09	09	065	01	1	125	11	11	185	02	2
006	01	1	066	07	7	126	95	=	186	03	3
007	42	STO	067	69	OP	127	65	×	187	03	3
008	10	10	068	02	02	128	43	RCL	188	03	3
009	00	0	069	69	OP	129	12	12	189	03	3
010	42	STO	070	05	05	130	94	+/-	190	07	7
011	11	11	071	69	OP	131	85	+	191	01	1
012	02	2	072	00	00	132	01	1	192	03	3
013	02	2	073	04	4	133	08	8	193	01	1
014	02	2	074	06	6	134	00	0	194	04	4
015	07	7	075	05	5	135	95	=	195	69	OP
016	02	2	076	07	7	136	99	PRT	196	02	02
017	07	7	077	03	3	137	43	RCL	197	69	OP
018	02	2	078	03	3	138	01	01	198	05	05
019	01	1	079	03	3	139	65	×	199	69	OP
020	69	OP	080	06	6	140	03	3	200	00	00
021	02	02	081	02	2	141	06	6	201	03	3
022	69	OP	082	04	4	142	00	0	202	05	5
023	05	05	083	69	OP	143	95	=	203	03	3
024	69	OP	084	01	01	144	39	COS	204	00	0
025	00	00	085	05	5	145	94	+/-	205	01	1
026	91	R/S	086	07	7	146	85	+	206	03	3
027	76	LBL	087	03	3	147	01	1	207	04	4
028	18	C'	088	04	4	148	95	=	208	04	4
029	43	RCL	089	01	1	149	65	×	209	05	5
030	06	06	090	04	4	150	43	RCL	210	07	7
031	42	STO	091	00	0	151	12	12	211	69	OP
032	09	09	092	00	0	152	65	×	212	01	01
033	01	1	093	00	0	153	43	RCL	213	03	3
034	94	+/-	094	00	0	154	10	10	214	05	5
035	42	STO	095	69	OP	155	55	÷	215	03	3
036	10	10	096	02	02	156	43	RCL	216	00	0
037	01	1	097	69	OP	157	09	09	217	02	2
038	42	STO	098	05	05	158	95	=	218	04	4
039	11	11	099	69	OP	159	35	1/X	219	03	3
040	02	2	100	00	00	160	75	-	220	01	1
041	02	2	101	43	RCL	161	01	1	221	00	0
042	02	2	102	01	01	162	95	=	222	00	0
043	02	2	103	99	PRT	163	35	1/X	223	69	OP
044	02	2	104	65	×	164	65	×	224	02	02
045	07	7	105	03	3	165	43	RCL	225	69	OP
046	02	2	106	06	6	166	02	02	226	05	05
047	01	1	107	00	0	167	85	+	227	69	OP
048	69	OP	108	95	=	168	43	RCL	228	00	00
049	02	02	109	38	SIN	169	02	02	229	43	RCL
050	69	OP	110	55	÷	170	95	=	230	03	03
051	05	05	111	02	2	171	99	PRT	231	32	X⇌T
052	69	OP	112	55	÷	172	43	RCL	232	43	RCL
053	00	00	113	89	π	173	01	01	233	04	04
054	91	R/S	114	95	=	174	85	+	234	37	P/R
055	76	LBL	115	94	+/-	175	43	RCL	235	42	STO
056	13	C	116	85	+	176	00	00	236	14	14
057	03	3	117	43	RCL	177	95	=	237	32	X⇌T
058	04	4	118	01	01	178	42	STO	238	85	+
059	02	2	119	95	=	179	01	01	239	43	RCL
060	00	0	120	65	×	180	61	GTO	240	02	02

Tafel T 3.4.2 (T 3.5.2). Rechenprogramm für q-Kurve und Kurvenscheiben-Hauptabschnitte des Schwinghebel-Kurvengetriebes, Karte q-Schwingkurve, Seite 2

241	95	=	301	17	17	361	10	E'	421	43	RCL
242	42	STO	302	75	-	362	03	3	422	12	12
243	15	15	303	43	RCL	363	06	6	423	99	PRT
244	32	X⇄T	304	05	05	364	01	1	424	43	RCL
245	22	INV	305	95	=	365	05	5	425	08	08
246	37	P/R	306	42	STO	366	69	OP	426	99	PRT
247	42	STO	307	18	18	367	01	01	427	03	3
248	16	16	308	99	PRT	368	02	2	428	03	3
249	32	X⇄T	309	75	-	369	03	3	429	02	2
250	75	-	310	43	RCL	370	04	4	430	03	3
251	43	RCL	311	07	07	371	03	3	431	02	2
252	08	08	312	95	=	372	02	2	432	04	4
253	95	=	313	42	STO	373	04	4	433	69	OP
254	99	PRT	314	19	19	374	03	3	434	01	01
255	43	RCL	315	99	PRT	375	01	1	435	02	2
256	03	03	316	43	RCL	376	02	2	436	00	0
257	32	X⇄T	317	16	16	377	02	2	437	02	2
258	43	RCL	318	75	-	378	69	OP	438	04	4
259	04	04	319	43	RCL	379	02	02	439	05	5
260	85	+	320	05	05	380	02	2	440	07	7
261	43	RCL	321	75	-	381	06	6	441	02	2
262	12	12	322	43	RCL	382	04	4	442	00	0
263	95	=	323	07	07	383	01	1	443	02	2
264	37	P/R	324	75	-	384	03	3	444	04	4
265	32	X⇄T	325	43	RCL	385	05	5	445	69	OP
266	85	+	326	06	06	386	04	4	446	02	02
267	43	RCL	327	95	=	387	02	2	447	02	2
268	02	02	328	42	STO	388	01	1	448	04	4
269	95	=	329	20	20	389	07	7	449	05	5
270	32	X⇄T	330	99	PRT	390	69	OP	450	07	7
271	22	INV	331	03	3	391	03	03	451	02	2
272	37	P/R	332	03	3	392	69	OP	452	00	0
273	42	STO	333	02	2	393	05	05	453	03	3
274	17	17	334	03	3	394	69	OP	454	05	5
275	32	X⇄T	335	02	2	395	00	00	455	02	2
276	75	-	336	04	4	396	01	1	456	04	4
277	43	RCL	337	02	2	397	06	6	457	69	OP
278	08	08	338	06	6	398	05	5	458	03	03
279	95	=	339	69	OP	399	07	7	459	69	OP
280	99	PRT	340	01	01	400	69	OP	460	05	05
281	69	OP	341	69	OP	401	01	01	461	69	OP
282	00	00	342	05	05	402	03	3	462	00	00
283	01	1	343	69	OP	403	03	3	463	43	RCL
284	04	4	344	00	00	404	03	3	464	05	05
285	01	1	345	43	RCL	405	06	6	465	99	PRT
286	07	7	346	18	18	406	03	3	466	43	RCL
287	03	3	347	75	-	407	02	2	467	06	06
288	07	7	348	43	RCL	408	05	5	468	99	PRT
289	01	1	349	16	16	409	07	7	469	43	RCL
290	03	3	350	95	=	410	03	3	470	07	07
291	69	OP	351	99	PRT	411	05	5	471	99	PRT
292	01	01	352	43	RCL	412	69	OP	472	98	ADV
293	69	OP	353	20	20	413	02	02	473	91	R/S
294	05	05	354	75	-	414	69	OP	474	00	0
295	69	OP	355	43	RCL	415	05	05	475	00	0
296	00	00	356	19	19	416	69	OP	476	00	0
297	43	RCL	357	95	=	417	00	00	477	00	0
298	16	16	358	99	PRT	418	43	RCL	478	00	0
299	99	PRT	359	91	R/S	419	02	02	479	00	0
300	43	RCL	360	76	LBL	420	99	PRT	480	00	0

Tafel T 3.4.3 (T 3.5.3). Rechenprogramm für q-Kurve und Kurvenscheiben-Hauptabschnitte des Schwinghebel-Kurvengetriebes, Karte Schwingkurve II, Seite 3

481			541	05	5	601	02	02	661	06	6
482			542	07	7	602	02	2	662	00	0
483			543	03	3	603	00	0	663	42	STO
484			544	03	3	604	03	3	664	06	06
485			545	69	OP	605	05	5	665	05	5
486	76	LBL	546	02	02	606	02	2	666	00	0
487	11	A	547	03	3	607	04	4	667	42	STO
488	03	3	548	06	6	608	00	0	668	07	07
489	06	6	549	03	3	609	00	0	669	01	1
490	01	1	550	02	2	610	00	0	670	00	0
491	05	5	551	05	5	611	00	0	671	42	STO
492	69	OP	552	07	7	612	69	OP	672	08	08
493	01	01	553	03	3	613	03	03	673	04	4
494	02	2	554	05	5	614	69	OP	674	00	0
495	03	3	555	00	0	615	05	05	675	42	STO
496	04	4	556	00	0	616	69	OP	676	12	12
497	03	3	557	69	OP	617	00	00	677	93	.
498	02	2	558	03	03	618	43	RCL	678	03	3
499	04	4	559	69	OP	619	05	05	679	42	STO
500	03	3	560	05	05	620	99	PRT	680	00	00
501	01	1	561	69	OP	621	43	RCL	681	91	R/S
502	02	2	562	00	00	622	06	06			
503	02	2	563	43	RCL	623	99	PRT			
504	69	OP	564	02	02	624	43	RCL			
505	02	02	565	99	PRT	625	07	07			
506	02	2	566	43	RCL	626	99	PRT			
507	06	6	567	03	03	627	98	ADV			
508	04	4	568	99	PRT	628	91	R/S			
509	01	1	569	43	RCL	629	76	LBL			
510	03	3	570	04	04	630	15	E			
511	05	5	571	99	PRT	631	93	.			
512	04	4	572	43	RCL	632	02	2			
513	02	2	573	12	12	633	00	0			
514	01	1	574	99	PRT	634	00	0			
515	07	7	575	43	RCL	635	00	0			
516	69	OP	576	08	08	636	00	0			
517	03	03	577	99	PRT	637	00	0			
518	69	OP	578	03	3	638	01	1			
519	05	05	579	03	3	639	42	STO			
520	69	OP	580	02	2	640	01	01			
521	00	00	581	03	3	641	01	1			
522	00	0	582	02	2	642	00	0			
523	01	1	583	04	4	643	00	0			
524	06	6	584	02	2	644	42	STO			
525	05	5	585	00	0	645	02	02			
526	07	7	586	02	2	646	08	8			
527	01	1	587	04	4	647	07	7			
528	04	4	588	69	OP	648	42	STO			
529	05	5	589	01	01	649	03	03			
530	07	7	590	05	5	650	01	1			
531	03	3	591	07	7	651	01	1			
532	03	3	592	02	2	652	07	7			
533	69	OP	593	00	0	653	42	STO			
534	01	01	594	02	2	654	04	04			
535	03	3	595	04	4	655	01	1			
536	06	6	596	02	2	656	02	2			
537	02	2	597	04	4	657	00	0			
538	04	4	598	05	5	658	42	STO			
539	05	5	599	07	7	659	05	05			
540	01	1	600	69	OP	660	01	1			

Tafel T 3.5 Bedienungsanleitung für die Kurvenscheiben-Hauptabschnitte des Schwinghebel-Kurvengetriebes (Schwingkurve)

Nr.	Anweisung	Werte	Tasten	Kontrolle
1	Eintasten 3 *Op 17			719.29
2	Seite 1 und 2 von Karte "q-Schwingkurve" einlesen			
3	Seite 3 von Karte "Schwingkurve II" einlesen			
4	Eingangswerte b und ψ^* sind zeichnerisch mit d. Werten nach Tafel 4 ermittelt worden	d b ψ^* ψ_0 r Φ_I Φ_{II} φ_{RI}	Sto 02 Sto 03 Sto 04 Sto 12 Sto 08 Sto 05 Sto 06 Sto 07	
5	Abruf d. Eingangswerte f. Zahlenbeisp.		E	0.3
6	Ausdrucken d. Eingangswerte		A	50.
7	Berechnen u. Ausdrucken d. Kurvenscheiben-Hauptabschnitte		D	-167.6..

SCHWINGKURVE
D, B, PSI*, PSO, R
100. d
87. b
117. ψ^*
40. ψ_o
10. r
PHI-I, -II, -RI
120. Φ_I
160. Φ_{II}
50. φ_{RI}

Bild 3.5

HPTAB
RMAX, RMIN
88.33394787 r_{max}
29.39816683 r_{min}
BETA
52.02779437 β_1
-60.36506219 β_2
-110.3650622 β_3
-277.9722056 β_4
PHIK
-112.3928566 φ_{KI}
167.6071434 φ_{KII}

Tafel T 3.6 Bedienungsanleitung für das Kurvenscheibenprofil des Schwinghebel-Kurvengetriebes (Schwingkurve)

Nr.	Anweisung	Werte	Tasten	Kontrolle
1	Eintasten 3 *Op 17			719. 29
2	Seite 1 und 2 v. Karte "Schwingkurve I" einlesen			
3	Seite 3 v. Karte "Schwingkurve II" einlesen			
4	Eingangswerte	d b ψ^* ψ_0 r Φ_I Φ_{II} φ_{RI}	Sto 02 Sto 03 Sto 04 Sto 12 Sto 08 Sto 05 Sto 06 Sto 07	
5	Abruf d. Eingangswerte f. Zahlenb.		E	0.3
6	Ausdruck d. Eingangswerte		A	50.
7	Eingabe d. z-Anfangswertes u. d. Schrittweite	z Δz	Sto 01 (0,2000001) Sto 00 (0,3)	
8	Vorwahl Gleichlauf-Bereich		*B	2227..
9	Berechnen d. Kurvenprofils u. Ausdruck d. Kennwerte		B	
10	Beendigung d. Laufprogr., z.B. bei z = 0,8		R/S	
11	Abruf d. Eingangswerte f. Zahlenb.		E	0.3
12	Ausdruck d. Eingangswerte		A	50.
13	Eingabe d. z-Anfangswertes u. d. Schrittweite	z Δz	Sto 01 (0,2000001) Sto 00 (0,3)	
14	Vorwahl Gegenlauf-Bereich		*C	2222..
15	Berechnen d. Kurvenprofils u. Ausdruck d. Kennwerte		B	
16	Beendigung d. Laufprogr., z.B. bei z = 0,8		R/S	

Ausdruck		
SCHWINGKURVE		
D, B, PSI*, PSO, R		
100.	d	
87.	b	
117.	ψ^*	
40.	ψ_o	
10.	r	
PHI-I, -II, -RI		
120.	Φ_I	
160.	Φ_{II}	
50.	φ_{RI}	
GLLF	Bild 3.5-3.6	
PROFL		
0.2000001	z	
85.88098001	c	C
30.11652968	φ_C	PHIC
16.92249085	τ	TAU
77.02288608	μ	MUE
77.86186052	ρ	RHO
49.77452931	r_A	RA
40.11500699	φ_A	PHIA
PROFL		
0.5000001		
62.84086106		C
4.88810114		PHIC
-45.90884761		TAU
-122.9088436		MUE
61.93396457		RHO
53.51935524		RA
68.61038221		PHIA
PROFL		
0.8000001		
33.48098649		C
-28.84111644		PHIC
-60.28853656		TAU
119.3431411		MUE
154.6313268		RHO
184.0254823		RA
-54.84186385		PHIA
GGLF	Bild 3.5-3.6	
PROFL		
0.2000001	z	
33.11863395	c	C
-148.6609117	φ_C	PHIC
-121.8731766	τ	TAU
-147.8609116	μ	MUE
564.639756	ρ	RHO
535.066647	r_A	RA
59.68096904	φ_A	PHIA
PROFL		
0.5000001		
61.0009388		C
-196.0061514		PHIC
-162.9319723		TAU
49.93194832		MUE
50.57046283		RHO
33.2941796		RA
-251.9920241		PHIA
PROFL		
0.8000001		
85.74487152		C
-246.1462023		PHIC
-237.5516628		TAU
58.49703016		MUE
59.51860523		RHO
28.32725438		RA
-264.4461647		PHIA

Tafel T 3.6.1 Rechenprogramm für das Kurvenscheibenprofil des Schwinghebel-Kurvengetriebes, Karte „Schwingkurve I", Seite 1

000	76	LBL									
001	16	A'	061	02	02	121	95	=	181	18	18
002	69	OP	062	69	OP	122	65	×	182	32	X⇄T
003	04	04	063	05	05	123	43	RCL	183	85	+
004	43	RCL	064	69	OP	124	10	10	184	43	RCL
005	13	13	065	00	00	125	85	+	185	02	02
006	69	OP	066	91	R/S	126	43	RCL	186	95	=
007	06	06	067	76	LBL	127	11	11	187	42	STO
008	69	OP	068	12	B	128	95	=	188	19	19
009	00	00	069	03	3	129	65	×	189	43	RCL
010	92	RTN	070	03	3	130	43	RCL	190	19	19
011	91	R/S	071	03	3	131	12	12	191	75	-
012	76	LBL	072	05	5	132	85	+	192	43	RCL
013	17	B'	073	03	3	133	43	RCL	193	17	17
014	43	RCL	074	02	2	134	04	04	194	95	=
015	05	05	075	02	2	135	95	=	195	32	X⇄T
016	42	STO	076	01	1	136	42	STO	196	43	RCL
017	09	09	077	02	2	137	15	15	197	18	18
018	01	1	078	07	7	138	43	RCL	198	22	INV
019	42	STO	079	69	OP	139	01	01	199	37	P/R
020	10	10	080	02	02	140	65	×	200	42	STO
021	00	0	081	69	OP	141	03	3	201	20	20
022	42	STO	082	05	05	142	06	6	202	32	X⇄T
023	11	11	083	69	OP	143	00	0	203	75	-
024	02	2	084	00	00	144	95	=	204	53	(
025	02	2	085	43	RCL	145	39	COS	205	53	(
026	02	2	086	01	01	146	94	+/-	206	43	RCL
027	07	7	087	99	PRT	147	85	+	207	02	02
028	02	2	088	65	×	148	01	1	208	75	-
029	07	7	089	43	RCL	149	95	=	209	43	RCL
030	02	2	090	09	09	150	65	×	210	17	17
031	01	1	091	85	+	151	43	RCL	211	54	)
032	69	OP	092	43	RCL	152	12	12	212	50	I×I
033	02	02	093	11	11	153	65	×	213	55	÷
034	69	OP	094	65	×	154	43	RCL	214	53	(
035	05	05	095	53	(	155	10	10	215	43	RCL
036	69	OP	096	43	RCL	156	55	÷	216	02	02
037	00	00	097	05	05	157	43	RCL	217	75	-
038	91	R/S	098	85	+	158	09	09	218	43	RCL
039	76	LBL	099	43	RCL	159	95	=	219	17	17
040	18	C'	100	07	07	160	42	STO	220	54	)
041	43	RCL	101	95	=	161	16	16	221	65	×
042	06	06	102	42	STO	162	35	1/X	222	43	RCL
043	42	STO	103	14	14	163	94	+/-	223	08	08
044	09	09	104	43	RCL	164	85	+	224	95	=
045	01	1	105	01	01	165	01	1	225	42	STO
046	94	+/-	106	65	×	166	95	=	226	21	21
047	42	STO	107	03	3	167	35	1/X	227	32	X⇄T
048	10	10	108	06	6	168	65	×	228	43	RCL
049	01	1	109	00	0	169	43	RCL	229	20	20
050	42	STO	110	95	=	170	02	02	230	37	P/R
051	11	11	111	38	SIN	171	95	=	231	42	STO
052	02	2	112	55	÷	172	42	STO	232	22	22
053	02	2	113	02	2	173	17	17	233	32	X⇄T
054	02	2	114	55	÷	174	43	RCL	234	85	+
055	02	2	115	89	π	175	03	03	235	43	RCL
056	02	2	116	95	=	176	32	X⇄T	236	17	17
057	07	7	117	94	+/-	177	43	RCL	237	95	=
058	02	2	118	85	+	178	15	15	238	42	STO
059	01	1	119	43	RCL	179	37	P/R	239	23	23
060	69	OP	120	01	01	180	42	STO	240	32	X⇄T

Tafel T 3.6.2 Rechenprogramm für das Kurvenscheibenprofil des Schwinghebel-Kurvengetriebes, Karte „Schwingkurve I", Seite 2

241	22	INV	301	16	A'	361	95	=	421	22	22
242	37	P/R	302	01	1	362	42	STO	422	75	-
243	75	-	303	75	-	363	26	26	423	43	RCL
244	43	RCL	304	43	RCL	364	55	÷	424	29	29
245	14	14	305	16	16	365	53	(	425	95	=
246	95	=	306	95	=	366	43	RCL	426	22	INV
247	42	STO	307	65	×	367	20	20	427	37	P/R
248	24	24	308	43	RCL	368	85	+	428	32	X:T
249	32	X:T	309	16	16	369	43	RCL	429	42	STO
250	42	STO	310	65	×	370	25	25	430	13	13
251	13	13	311	43	RCL	371	54	)	431	03	3
252	01	1	312	09	09	372	30	TAN	432	05	5
253	05	5	313	33	X²	373	85	+	433	02	2
254	71	SBR	314	55	÷	374	43	RCL	434	03	3
255	16	A'	315	43	RCL	375	17	17	435	03	3
256	43	RCL	316	12	12	376	95	=	436	02	2
257	24	24	317	55	÷	377	42	STO	437	71	SBR
258	42	STO	318	03	3	378	27	27	438	16	A'
259	13	13	319	06	6	379	43	RCL	439	43	RCL
260	03	3	320	00	0	380	18	18	440	28	28
261	03	3	321	55	÷	381	75	-	441	32	X:T
262	02	2	322	53	(	382	43	RCL	442	43	RCL
263	03	3	323	43	RCL	383	20	20	443	29	29
264	02	2	324	01	01	384	30	TAN	444	22	INV
265	04	4	325	65	×	385	65	×	445	37	P/R
266	01	1	326	03	3	386	43	RCL	446	75	-
267	05	5	327	06	6	387	19	19	447	43	RCL
268	71	SBR	328	00	0	388	95	=	448	14	14
269	16	A'	329	54	)	389	55	÷	449	95	=
270	43	RCL	330	38	SIN	390	53	(	450	42	STO
271	20	20	331	95	=	391	43	RCL	451	14	14
272	75	-	332	22	INV	392	26	26	452	32	X:T
273	43	RCL	333	30	TAN	393	55	÷	453	42	STO
274	14	14	334	65	×	394	43	RCL	454	13	13
275	95	=	335	43	RCL	395	27	27	455	03	3
276	42	STO	336	10	10	396	75	-	456	05	5
277	13	13	337	95	=	397	43	RCL	457	01	1
278	03	3	338	42	STO	398	20	20	458	03	3
279	07	7	339	25	25	399	30	TAN	459	71	SBR
280	01	1	340	85	+	400	54	)	460	16	A'
281	03	3	341	43	RCL	401	95	=	461	43	RCL
282	04	4	342	20	20	402	42	STO	462	14	14
283	01	1	343	95	=	403	28	28	463	42	STO
284	71	SBR	344	30	TAN	404	65	×	464	13	13
285	16	A'	345	35	1/X	405	43	RCL	465	03	3
286	43	RCL	346	75	-	406	26	26	466	03	3
287	15	15	347	43	RCL	407	55	÷	467	02	2
288	75	-	348	15	15	408	43	RCL	468	03	3
289	43	RCL	349	30	TAN	409	27	27	469	02	2
290	20	20	350	35	1/X	410	95	=	470	04	4
291	95	=	351	95	=	411	42	STO	471	01	1
292	42	STO	352	35	1/X	412	29	29	472	03	3
293	13	13	353	65	×	413	43	RCL	473	71	SBR
294	03	3	354	53	(	414	23	23	474	16	A'
295	00	0	355	43	RCL	415	75	-	475	43	RCL
296	04	4	356	02	02	416	43	RCL	476	01	01
297	01	1	357	75	-	417	28	28	477	85	+
298	01	1	358	43	RCL	418	95	=	478	43	RCL
299	07	7	359	17	17	419	32	X:T	479	00	00
300	71	SBR	360	54	)	420	43	RCL	480	95	=

Tafel T 3.6.3 Rechenprogramm für das Kurvenscheibenprofil des Schwinghebel-Kurvengetriebes, Karte „Schwingkurve II", Seite 3

B

481	42	STO	541	05	5	601	02	02	661	06	6
482	01	01	542	07	7	602	02	2	662	00	0
483	61	GTO	543	03	3	603	00	0	663	42	STO
484	12	B	544	03	3	604	03	3	664	06	06
485	91	R/S	545	69	OP	605	05	5	665	05	5
486	76	LBL	546	02	02	606	02	2	666	00	0
487	11	A	547	03	3	607	04	4	667	42	STO
488	03	3	548	06	6	608	00	0	668	07	07
489	06	6	549	03	3	609	00	0	669	01	1
490	01	1	550	02	2	610	00	0	670	00	0
491	05	5	551	05	5	611	00	0	671	42	STO
492	69	OP	552	07	7	612	69	OP	672	08	08
493	01	01	553	03	3	613	03	03	673	04	4
494	02	2	554	05	5	614	69	OP	674	00	0
495	03	3	555	00	0	615	05	05	675	42	STO
496	04	4	556	00	0	616	69	OP	676	12	12
497	03	3	557	69	OP	617	00	00	677	93	.
498	02	2	558	03	03	618	43	RCL	678	03	3
499	04	4	559	69	OP	619	05	05	679	42	STO
500	03	3	560	05	05	620	99	PRT	680	00	00
501	01	1	561	69	OP	621	43	RCL	681	91	R/S
502	02	2	562	00	00	622	06	06			
503	02	2	563	43	RCL	623	99	PRT			
504	69	OP	564	02	02	624	43	RCL			
505	02	02	565	99	PRT	625	07	07			
506	02	2	566	43	RCL	626	99	PRT			
507	06	6	567	03	03	627	98	ADV			
508	04	4	568	99	PRT	628	91	R/S			
509	01	1	569	43	RCL	629	76	LBL			
510	03	3	570	04	04	630	15	E			
511	05	5	571	99	PRT	631	93	.			
512	04	4	572	43	RCL	632	02	2			
513	02	2	573	12	12	633	00	0			
514	01	1	574	99	PRT	634	00	0			
515	07	7	575	43	RCL	635	00	0			
516	69	OP	576	08	08	636	00	0			
517	03	03	577	99	PRT	637	00	0			
518	69	OP	578	03	3	638	01	1			
519	05	05	579	03	3	639	42	STO			
520	69	OP	580	02	2	640	01	01			
521	00	00	581	03	3	641	01	1			
522	00	0	582	02	2	642	00	0			
523	01	1	583	04	4	643	00	0			
524	06	6	584	02	2	644	42	STO			
525	05	5	585	00	0	645	02	02			
526	07	7	586	02	2	646	08	8			
527	01	1	587	04	4	647	07	7			
528	04	4	588	69	OP	648	42	STO			
529	05	5	589	01	01	649	03	03			
530	07	7	590	05	5	650	01	1			
531	03	3	591	07	7	651	01	1			
532	03	3	592	02	2	652	07	7			
533	69	OP	593	00	0	653	42	STO			
534	01	01	594	02	2	654	04	04			
535	03	3	595	04	4	655	01	1			
536	06	6	596	02	2	656	02	2			
537	02	2	597	04	4	657	00	0			
538	04	4	598	05	5	658	42	STO			
539	05	5	599	07	7	659	05	05			
540	01	1	600	69	OP	660	01	1			

Tafel T 3.7 Bedienungsanleitung für Beschleunigungs-Trapez

Nr.	Anweisung	Werte	Tasten
1	Karte "Beschleunigungs-Trapez" Seite 1 und 2 eingeben		
2	Teilfaktor (0 > z > 1) Schrittweite	z Δz	Sto 01 Sto 00
3	Berechnung der bezogenen Übertragungsfunktionen f, f', f"		A
4	Beendigung des Laufprogrammes nach Wahl und Einsicht in gedruckte Werte		R/S

```
BESCHL.-TRAPEZ
Z,F,F',F''
           0.1
  .0094590641
  .2687816994
  4.648881957
```

```
BESCHL.-TRAPEZ
Z,F,F',F''
           0.3
  .1605903487
  1.244406188
  4.888123763
```

```
BESCHL.-TRAPEZ
Z,F,F',F''
           0.4
  .3094590641
  1.731218301
  4.648881957
```

```
BESCHL.-TRAPEZ
Z,F,F',F''
           0.6
  .6905409359
  1.731218301
 -4.648881957
```

```
BESCHL.-TRAPEZ
Z,F,F',F''
           0.7
  .8394096513
  1.244406188
 -4.888123763
```

```
BESCHL.-TRAPEZ
Z,F,F',F''
           0.9
  .9905409359
  .2687816994
 -4.648881957
```

Bild 3.7-3.8

Tafel T 3.7.1 Rechenprogramm für Beschleunigungs-Trapez, Seite 1

000	76	LBL									
001	11	A	061	85	+	121	93	.	181	06	06
002	69	OP	062	01	1	122	05	5	182	38	SIN
003	00	00	063	95	=	123	01	1	183	55	÷
004	01	1	064	42	STO	124	32	X⇄T	184	43	RCL
005	04	4	065	05	05	125	25	CLR	185	02	02
006	01	1	066	00	0	126	43	RCL	186	95	=
007	07	7	067	42	STO	127	01	01	187	42	STO
008	03	3	068	10	10	128	22	INV	188	09	09
009	06	6	069	93	.	129	77	GE	189	01	1
010	01	1	070	05	5	130	14	D	190	32	X⇄T
011	05	5	071	32	X⇄T	131	91	R/S	191	25	CLR
012	69	OP	072	25	CLR	132	76	LBL	192	43	RCL
013	01	01	073	43	RCL	133	12	B	193	10	10
014	02	2	074	01	01	134	43	RCL	194	67	EQ
015	03	3	075	42	STO	135	01	01	195	16	A'
016	02	2	076	11	11	136	65	×	196	61	GTO
017	07	7	077	77	GE	137	07	7	197	19	D'
018	04	4	078	17	B'	138	02	2	198	91	R/S
019	00	0	079	61	GTO	139	00	0	199	76	LBL
020	02	2	080	18	C'	140	95	=	200	13	C
021	00	0	081	00	0	141	42	STO	201	04	4
022	03	3	082	76	LBL	142	06	06	202	65	×
023	07	7	083	17	B'	143	43	RCL	203	89	π
024	69	OP	084	01	1	144	01	01	204	65	×
025	02	02	085	75	-	145	75	-	205	43	RCL
026	03	3	086	43	RCL	146	43	RCL	206	01	01
027	05	5	087	01	01	147	06	06	207	33	X^2
028	01	1	088	95	=	148	38	SIN	208	85	+
029	03	3	089	42	STO	149	55	÷	209	43	RCL
030	03	3	090	01	01	150	04	4	210	03	03
031	03	3	091	01	1	151	55	÷	211	65	×
032	01	1	092	42	STO	152	89	π	212	43	RCL
033	07	7	093	10	10	153	95	=	213	01	01
034	04	4	094	61	GTO	154	65	×	214	85	+
035	06	6	095	18	C'	155	02	2	215	53	(
036	69	OP	096	91	R/S	156	55	÷	216	89	π
037	03	03	097	76	LBL	157	43	RCL	217	33	X^2
038	69	OP	098	18	C'	158	02	02	218	75	-
039	05	05	099	93	.	159	95	=	219	08	8
040	69	OP	100	01	1	160	42	STO	220	54	)
041	00	00	101	02	2	161	07	07	221	55	÷
042	89	π	102	05	5	162	01	1	222	01	1
043	85	+	103	32	X⇄T	163	75	-	223	06	6
044	02	2	104	25	CLR	164	43	RCL	224	55	÷
045	95	=	105	43	RCL	165	06	06	225	89	π
046	42	STO	106	01	01	166	39	COS	226	95	=
047	02	02	107	22	INV	167	95	=	227	55	÷
048	02	2	108	77	GE	168	65	×	228	43	RCL
049	75	-	109	12	B	169	02	2	229	02	02
050	89	π	110	93	.	170	95	=	230	95	=
051	95	=	111	03	3	171	55	÷	231	42	STO
052	42	STO	112	07	7	172	43	RCL	232	07	07
053	03	03	113	05	5	173	02	02	233	43	RCL
054	89	π	114	32	X⇄T	174	95	=	234	04	04
055	65	×	115	25	CLR	175	42	STO	235	65	×
056	08	8	116	43	RCL	176	08	08	236	43	RCL
057	95	=	117	01	01	177	43	RCL	237	01	01
058	42	STO	118	22	INV	178	04	04	238	85	+
059	04	04	119	77	GE	179	65	×	239	43	RCL
060	89	π	120	13	C	180	43	RCL	240	03	03

Tafel T 3.7.2 Rechenprogramm für Beschleunigungs-Trapez, Seite 2

```
241  95  =
242  55  ÷
243  43  RCL
244  02   02
245  95  =
246  42  STO
247  08   08
248  43  RCL
249  04   04
250  55  ÷
251  43  RCL
252  02   02
253  95  =
254  42  STO
255  09   09
256  01   1
257  32  X:T
258  25  CLR
259  43  RCL
260  10   10
261  67   EQ
262  16  A'
263  61  GTO
264  19  D'
265  91  R/S
-------------
266  76  LBL
267  14   D
268  43  RCL
269  01   01
270  65  ×
271  07   7
272  02   2
273  00   0
274  75  -
275  01   1
276  08   8
277  00   0
278  95  =
279  42  STO
280  12   12
281  43  RCL
282  05   05
283  65  ×
284  43  RCL
285  01   01
286  75  -
287  43  RCL
288  12   12
289  38  SIN
290  65  ×
291  02   2
292  55  ÷
293  43  RCL
294  04   04
295  75  -
296  89  π
297  55  ÷
298  04   4
299  95  =
300  65  ×
301  02   2
302  55  ÷
303  43  RCL
304  02   02
305  95  =
306  42  STO
307  07   07
308  43  RCL
309  05   05
310  75  -
311  43  RCL
312  12   12
313  39  COS
314  95  =
315  65  ×
316  02   2
317  55  ÷
318  43  RCL
319  02   02
320  95  =
321  42  STO
322  08   08
323  43  RCL
324  04   04
325  65  ×
326  43  RCL
327  12   12
328  38  SIN
329  55  ÷
330  43  RCL
331  02   02
332  95  =
333  42  STO
334  09   09
335  01   1
336  32  X:T
337  25  CLR
338  43  RCL
339  10   10
340  67   EQ
341  16  A'
342  61  GTO
343  19  D'
344  91  R/S
-------------
345  76  LBL
346  16  A'
347  01   1
348  75  -
349  43  RCL
350  07   07
351  95  =
352  42  STO
353  07   07
354  43  RCL
355  09   09
356  94  +/-
357  42  STO
358  09   09
359  61  GTO
360  19  D'
361  91  R/S
-------------
362  76  LBL
363  19  D'
364  04   4
365  06   6
366  05   5
367  07   7
368  02   2
369  01   1
370  05   5
371  07   7
372  02   2
373  01   1
374  69  OP
375  01   01
376  06   6
377  05   5
378  05   5
379  07   7
380  02   2
381  01   1
382  06   6
383  05   5
384  06   6
385  05   5
386  69  OP
387  02   02
388  69  OP
389  05   05
390  69  OP
391  00   00
392  43  RCL
393  11   11
394  99  PRT
395  43  RCL
396  07   07
397  99  PRT
398  43  RCL
399  08   08
400  99  PRT
401  43  RCL
402  09   09
403  99  PRT
404  00   0
405  32  X:T
406  25  CLR
407  43  RCL
408  00   00
409  67   EQ
410  10  E'
411  43  RCL
412  11   11
413  85  +
414  43  RCL
415  00   00
416  95  =
417  42  STO
418  01   01
419  61  GTO
420  11   A
421  91  R/S
-------------
422  76  LBL
423  10  E'
424  91  R/S
425  00   0
```

Johannes Volmer (Hrsg.)

Getriebetechnik – Leitfaden

Erarb. von zahlr. Autoren. Mit einem Anhang: Gegenüberstellung der im Buch genannten Normblätter nach TGL und DIN. 1978. 383 S. DIN C 5 (Viewegs Fachbücher der Technik). Kart.

Inhalt: Systematik der Getriebe – Grundlagen der Getriebeanalyse – Koppelgetriebe – Kurvengetriebe – Zahnrädergetriebe – Reibkörpergetriebe – Schraubengetriebe – Kombinierte Getriebe – Stufenlos verstellbare Getriebe zur Drehzahl-Drehmoment-Wandlung – Schrittgetriebe – Werke.

Ein Lehr- und Arbeitsbuch, in dem alle Getriebe als ein einheitliches System von Bauelementen behandelt werden. Dieses erfolgt in geschlossener Form auf der Grundlage der Struktur- und Funktionsanalyse. Der Umfang des Buches entspricht den Grundlagen, die der zukünftige Konstrukteur des Maschinenbaus für sein Ingenieurstudium benötigt.
Zahlreiche Lehrbeispiele und Aufgaben sowie ein umfangreiches Bildmaterial ermöglichen die Stoffaneignung auch im Selbststudium.

Johannes Volmer (Hrsg.)

Getriebetechnik – Aufgabensammlung

Erarbeitet von zahlr. Autoren. 2., stark bearb. Aufl. 1979. 188 S. DIN C 5 (Viewegs Fachbücher der Technik). Kart.

Inhalt: Systematik der Getriebe – Bewegungsanalyse ebener Getriebe (Kinematik) – Kraftanalyse – Zahnrädergetriebe – Schrittgetriebe – Kurvengetriebe – Ebene Koppelgetriebe (Ermittlung der kinematischen Abmessungen).

Diese Aufgabensammlung ist auf den vom gleichen Autor verfaßten Leitfaden „Getriebetechnik" aufgebaut.

VIEWEG